丁钉小组探秘之旅

丛林暗藏杀机

于启斋 著

山东城市出版传媒集团·济南出版社

图书在版编目(CIP)数据

丛林暗藏杀机 / 于启斋著 . -- 济南 : 济南出版社 , 2021.1

(丁钉小组探秘之旅)

ISBN 978-7-5488-4340-5

Ⅰ . ①丛… Ⅱ . ①于… Ⅲ . ①自然科学－青少年读物 ②安全教育－青少年读物 Ⅳ . ① N49 ② X956-49

中国版本图书馆 CIP 数据核字 (2020) 第 218973 号

出 版 人 崔 刚
责任编辑 韩宝娟 姜海静
装帧设计 谭 正
封面绘图 王桃花
内文插图 李 霞

出版发行 济南出版社
地　　址 山东省济南市二环南路1号
邮　　编 250002
印　　刷 山东省东营市新华印刷厂
版　　次 2021 年 1 月第 1 版
印　　次 2021 年 1 月第 1 次印刷
成品尺寸 150 mm × 230 mm 16 开
印　　张 6.75
字　　数 71 千
印　　数 1 — 3000 册
定　　价 36.80 元

(济南版图书，如有印装错误，请与出版社联系调换。联系电话：0531-86131736)

目 录

丁钉丛林探险小组成立

暑假已经开始7天了，丁钉、豆富、姜雅和迟兹几个小伙伴有些无聊，他们凑在一起，决定策划一次丛林探险，利用假期“野”一次，锻炼一下筋骨，成为响当当的小男子汉。姜雅的爸爸是教师，也正在放暑假，于是，他被丁钉小组推选为领队，带领他们到丛林里去，到大自然的怀抱里去。姜老师见几个孩子热情高涨、跃跃欲试的样子，就“光荣”地承担了这一重任。

突遭蚂蟥袭击

丁钉小组的目的地是热带森林，他们来到森林边缘，发现眼前的森林与平时看到的树林大不一样，高大的树木遮天蔽日，是真正的植物世界。

走进森林，处处都是龙树板根，高大的板根让队员们大为震惊。有些藤本植物像蟒蛇一样缠绕在大树上，仿佛在对树木进行绞杀。但树木却并不畏惧，而是同这些藤本植物互相缠绕着生长，谁也不败给谁。地面布满了枯枝落叶，露出泥土的地方不多。峡谷幽闭而狭长，林木葱茂，阳光透过树叶的缝隙落下来，让人深切感受到大自然的神秘。

森林里处处都是高大的树木及低矮的灌木，树木少的地方长有十分茂密的野草，野草高达人的胸口，而且地面十分潮湿，人在这里行走十分艰难。

大家用手扒拉着周围的野草，深一步浅一步地走着。

“原来热带森林是这个样子。”豆富一边走一边感慨，

“我们原先见到的树林与这里相比，简直是小巫见大巫，差得远呢！”

“是啊，还好姜老师在前面给我们探路，如果只有我们自己，那可惨了！”丁钉附和着说。

“这附近的草为什么这么茂盛呢？”迟兹感到好奇与不解。

“这里的树木相对少些，遮挡少，阳光充足，而且土壤肥沃，这里的草自然长得十分茂盛。”姜雅解释道。

虽然在森林中行进十分艰难，但他们欢快地如同出笼的小鸟。神奇的原始森林有着奇特的魅力，令他们万分期待接下来的旅程。

又走了一段路，泥土更加松软，地面上长了一层很厚的青苔。青苔是一种苔藓植物，比较矮小，是最早登陆陆地的高等植物之一。豆富走在苔藓上，脚一滑摔倒了。他爬起来后发现手背上有一条灰褐色的虫子，赶紧一甩甩掉，然后指给后面的丁钉看。

“这是蚂蟥，也叫蛭。”丁钉警惕地说，“我们要小心蚂蟥的袭击呀！”

“我知道水蛭在水中可以吸附在人的皮肤上吸血。”迟兹赶上来说，“草地上也有吗？”

“是啊！”丁钉给大家介绍起来，“蛭是一种吸血的环节动物。陆地上的叫山蛭，也叫旱蚂蟥。在我国，旱蚂蟥一般生长在南方潮湿的山区草地或竹林里，它们平时潜伏在落叶、草丛或石头下，伺机吸食人畜的鲜血。”

说话间，迟兹惊呼：“不好，我脖子上发痒。姜雅，你看一下不会是旱蚂蟥吧？”

姜雅一看：“我的妈呀！旱蚂蟥钻到你的皮肤里了，这可怎么办？”

“快帮我弄出来啊！”迟兹吓得要哭。

“不要怕，我给你拔出来。”姜雅说着便捏着蚂蟥想拔出来，但蚂蟥很滑，怎么也拔不出来。

“爸爸，停一下，迟兹被蚂蟥咬了！”姜雅向爸爸求救。

丁钉急忙过来，对姜雅说：“不要拔，一旦把蚂蟥拔断了会更糟糕。看我的，我在学习野外生存时学过怎么对付蚂蟥。”

这时，姜老师也急匆匆返回来查看迟兹脖子上的情况。

“老师，你不是抽烟吗？”丁钉对姜老师说，“用点着的香烟烧蚂蟥，它会自动脱落下来。”

“没错。”姜老师赞同道，“另一种方法是用手掌拍。在脖子上用拍的方法不太合适，用香烟烧它最好。”姜老师一边说着，一边从衣兜里掏出香烟点燃，然后把香烟对准蚂蟥，不一会儿，蚂蟥就退出迟兹的皮肤，落到了地上。

这时，迟兹脖子上的伤口血流不止。姜老师打开背包，取出碘酒和药棉，先用药棉把血擦干净，用碘酒消毒后，让迟兹继续按压药棉止血。

“蚂蟥咬我时为什么我没有感觉到疼呀？”迟兹问。

“蚂蟥吸血时会释放抗凝素和一些可以麻痹神经的物质，让人感觉不到它在吸血。”丁钉告诉他。

“蚂蟥真是太可恶了。”迟兹恨恨地说。

丁钉小组所处的黏滑潮湿的地方非常适合蚂蟥生存和繁殖。或许是因为闻到了血液的气味，他们说话间，蚂蟥纷纷躬身曲背向他们爬来，从阴暗的地方借助草叶跳到他们身上，然而丁钉小组全然不觉。

姜雅仔细查看迟兹身上还有没有蚂蟥，这一看不要紧，他发现迟兹身上和脚踝处都有蚂蟥在活动。“妈呀！怎么还有蚂蟥！”

“我身上也有！”豆富也惊呼。

大家纷纷检查自己身上，发现每个人身上都有几条蚂蟥。

“不好！大家赶快离开这里！”姜老师大声说。

大家一边跑一边用手扑打蚂蟥，蚂蟥刚爬上来，很容易被扑打掉。

来到一块没有树木和草的安全地带后，他们马上放下背包，互相拍打身上剩余的蚂蟥。

大家终于把身上的蚂蟥弄干净后，丁钉歉疚地说："我忽视了这一点，应该提醒大家穿比较厚的长裤长衣，把领口、袖口和裤脚处扎好，免得蚂蟥钻入的。"

"是啊，我也忽视了这个问题。"姜老师说，"我们提前往身上抹一点蒜汁就好了，既可以预防蚂蟥，又可以驱蛇。就是抹一些避蚊油、清凉油也可以啊！"

"老师，这叫吃一堑长一智啊！"迟兹笑着说道。

遭遇野猪群

摆脱了蚂蟥后，丁钉小组继续前进。

黄昏时，大家来到一处平坦的山顶。队员们商量过后，又征求了姜老师的意见，决定今晚在此处露营。大家放下背包，准备搭建帐篷。

“大家就在这附近活动，不能走远。”姜老师说，“毕竟这里是热带森林，危险时刻存在，我们还是要多加注意。”

忽然，下方的丛林中传来一阵轰隆隆的声音，大家马上警觉起来。姜老师说：“大家赶快准备好！”队员们有刀的拿刀，没有刀的拿起木棍，小心地提防着。

树枝摇晃的声音伴着轰隆隆的响声越来越近，姜老师让大家卧倒在草丛内，由上向下观察，不要发出声音。

丁钉小组的成员如临大敌：姜老师死死盯着前方，用力握住砍刀，一旦有危险他会马上出手，保护大家的安全；豆富拿着木棍，想象自己是战场上的一名战士，正在等候敌人进入包围圈；丁钉瞪大眼睛监视着，以防出现半点意外，威胁大家的安全；姜雅紧张地用手捂住嘴巴，避免自己出声给大家招来危险；迟兹第一次见到这种场面，他拿刀的手直哆嗦。

只见几只大野猪带领几只小野猪从山下而来，所到之处地动山摇，不时传来树枝被折断的“咔嚓、咔嚓”声。其动静之大，让人难以相信这是十几头野猪的阵势。

野猪一边走着，一边觅食。蚯蚓、蘑菇，以及树上掉下来的野果等，都是它们的食物。它们没有发现丁钉小组的存在，一直向前走去。

几分钟后，野猪消失在丁钉小组的视野内，大家这才顺顺当当地喘了一口气。

迟兹拍着胸口感叹：“我的妈呀！可把我吓坏了。”

豆富擦了擦脸上的汗水：“真的好险啊！来森林探险真不轻松。”

姜雅紧张得手心沁出汗来了，他两手相互搓着，说：“太刺激，太惊险了！”

丁钉因为刚才太专心，此时脸都憋红了，说：“我刚才也很紧张，怕野猪攻击我们。”

“如果野猪向我们冲来，我真打算当一回英雄，保护大家。”豆富说。

“通常野猪不会主动攻击人，所以如果被野猪发现了，要面朝野猪慢慢向后退，这个过程不要直视它，否则会将它激怒。如果被野猪袭击了，也不要硬拼。野猪并不灵活，可以就近找一个坚硬的障碍物并向障碍物方向逃跑，在野猪冲过来的时候迅速向旁边闪避，让野猪撞向障碍物。趁野猪撞得晕头转向时，爬到高处避险。”丁钉介绍起对付野猪的方法。

“遇到野猪，我们要尽可能回避，因为野猪可不是好惹的。”姜老师插话，“野猪是‘拼命三郎’，连老虎都不敢随便惹体形很大的野猪。”

“老虎不是被称为森林之王吗，怎么还会怕野猪？”豆富感到不解。

“野猪长有两对不断生长的獠牙，长而锐利，十分了得。”姜老师想起了一个故事，说，“以前，东北的一位猎人背着猎枪到森林打猎。忽然，他看见一只老虎在溪边喝水，猎人急忙爬到溪边的一棵大树上躲避。这时，猎人发现上游有一头野猪领着小野猪也在喝水。老虎喝完水要走时，几只小猪叫了起来。野猪认为老虎想要伤害它的孩子，就冲向老虎，于是双方厮打起来。几个回合后，老虎虽然把野猪身上划了几道口子，让野猪流了血，但并没给野猪造成致命伤；野猪则把老虎的一只前腿给咬断了。老虎本要走，不再跟野猪厮打，谁知这个‘拼命三郎’又冲上来了。老虎发狠了，几个回合之后，终于得手咬断了野猪的脖子。就在老虎松口放开野猪的

刹那，野猪猛地用力，用长长的獠牙划破了老虎的肚子。老虎挣扎了几下后随即死亡，野猪也不动了。猎人被眼前的场面惊得半天没有回过神来，很长时间后才从树上慢腾腾地爬下来，跌跌撞撞回了家。”

“野猪真是名副其实的‘拼命三郎’啊！”豆富听后感慨地说。

“是啊，人们常说‘一猪二熊三老虎’。”姜老师说，“野猪对人的威胁是最大的。”

“多亏那些野猪没有攻击我们，真是太危险了！”姜雅心有余悸地说。

“大自然里，尤其是森林里，可以说是暗藏杀机，说不定什么时候就会遭遇不测。连森林大王老虎都是如此，更何况其他动物。”迟兹这回深切理解了“暗藏杀机”的含义。

“是啊，每一种动物都有生存的权利，大自然的生物链决定了它们要相互厮杀。”豆富对食物链的理解更加深刻。

“所以我们遇到动物不要主动去伤害它们。”丁钉说，“动物也有生存的权利，我们应该保护它们。”

说话间，天色渐暗。“我们继续搭帐篷，准备吃饭休息吧。”丁钉看了看时间说。

“好的。”大家齐声说道，纷纷动手收拾东西。

空中掉下毒蛇来

清晨，丁钉小组吃过早饭，收拾好东西，背起背包，手拿砍刀，继续探索着前进，他们向更加茂密的森林深处走去。

途中，望天树、橡胶树等大型乔木高不可攀，让丁钉小组感到十分神奇，他们瞪大了眼睛观察这全是树木的世界。

突然，他们听到高空传来一阵“呀克、呀克、呀克”的非常急迫的叫声。大家抬起头来一看，只见一只大鸟正对着一棵树拼命地大叫着。

“这是什么鸟？”豆富从来没有见过这种鸟，“它看起来好大，头顶上还有一个高高的冠子。”

“这是冠斑犀鸟。”姜老师看后说，“它的嘴极大，嘴的上部有高大的盔突，像古代武士的头盔，非常威武。”

大家抬起头来，观察这只鸟为什么叫得那么凶。

大树太高，观察起来不太容易。大家眯着眼睛仔细寻找后，才发现树上有一条蛇。原来犀鸟正对着这条蛇大叫。可是蛇上树是它的事情，犀鸟为什么要叫得这么凶？

再仔细一看，原来蛇正试图钻进树上的一个洞里。

这个洞外面用泥巴糊住了，只留一个不大的小孔。这是怎么回事呢？

姜老师说："这个树洞应该是犀鸟的窝巢。雌鸟在洞内产卵后，便与雄鸟合作，将泥土、树枝、草叶和雌鸟吐出的黏液混合成非常黏稠的材料，用来封闭洞口，只留一个供雌鸟伸出嘴尖部的'小窗口'。这样，雌鸟可以藏在里面安心地孵化幼鸟。"

"哦，这么说巢穴里有雌鸟和孵化的小鸟。"丁钉说，"难怪雄鸟这么凶！"

蛇的尾部缠绕在树杈上，头直立着，想咬前来救援的雄犀鸟，雄犀鸟只能不断回避。

雄犀鸟在跟蛇打斗的过程中不断调整进攻方法，它见蛇可以灵活地对付它，就用翅膀猛击蛇的头部，并伺机用尖锐的喙啄咬蛇的尾部。

就这样，雄犀鸟跟蛇打斗了十几分钟后，雄犀鸟感到疲劳了，它站在与蛇相对立的一根树枝上休息，准备伺机进攻。蛇也盘踞在原地，不敢轻举妄动。

双方对峙着，时间一分一秒地过去了。突然，蛇动了一下尾部。说时迟，那时快，一直盯着它的雄犀鸟马上飞过去，一口啄住了蛇的尾部，迅速飞起。蛇想要收缩尾部重新缠绕在树枝上，但为时已晚，挣扎了几下后便被雄犀鸟带走了。

丁钉小组看到犀鸟将蛇叼起后，兴奋地欢呼起来。不料这一行为使雄犀鸟受到惊吓，它松开嘴，蛇从空中掉了下来，啪的一声落到了豆富的身边。

“我的妈呀！”大家吓了一跳，急忙散开。豆富跑远后停下，握紧砍刀，准备自卫。但远远看去，蛇没有丝毫动静。他试探着走近一看，发现蛇被摔昏了。豆富正想挥刀将蛇砍死，丁钉忙制止了他。丁钉一边带大家离开原地一边说：“即使是蛇，我们也不能随意杀害。”大家赞同地点点头。

“这只雄犀鸟真伟大呀！”迟兹十分佩服雄犀鸟，“为了妻子和孩子奋不顾身，十分了得。”

“是啊。不管刮风下雨，雄犀鸟都要出来觅食，否则全家就要挨饿。幼鸟随着成长，饭量不断增加，雄犀鸟的工作量也越来越大。孩子长大出窝时，雄犀鸟会把洞口啄开，让雌鸟和小鸟从巢穴中飞出来。冠斑犀鸟还有‘爱情鸟’的美称，如果一对犀鸟的其中一只死去，另一只就会绝食而亡。”

“真是夫妻情深啊。”迟兹大为感慨。

“我听说过一个有关犀鸟的传说。”丁钉说，“在很久很久以前，有一位名叫岩哥的猎人，他非常爱自己的妻子，因为害怕妻子受到伤害，所以他每一次外出打猎时都会把心爱的妻子关在一个竹楼里，备好充足的食物和水，然后把大门钉死，撤掉梯子。后来，他的妻子怀孕了。这一天，他又要外出打猎，他给妻子留下食物和水后便钉死大门、撤掉楼梯出发了。这次，岩哥发现了一只浑身闪着金光的金鹿。他一箭射中金鹿，但是那金鹿逃进了森林，于是岩哥紧紧追赶。突然，金鹿不见了。这时，岩哥已经迷失了方向。他在密林里转来转去，二十多天后才走出来。岩哥回家后，发现心爱的妻子已经饿死了。他悲痛欲绝，用布条把自己和妻子捆在一起，放火点燃了竹楼。后来，岩哥和妻子变成了一对犀鸟，比翼双飞，形影不离。但岩哥变成的雄犀鸟仍延续了以前的习惯，当雌犀鸟孵化幼鸟时，便将它关在洞内，封死洞口，以免‘爱妻’受到伤害。”

“这个故事是按照犀鸟的习性编的。”姜雅打趣地说，“很有意思。”

险象环生

丁钉小组离开犀鸟栖息的地方后，一直向前行进。森林里树木茂密，简直看不见太阳。他们穿过一片林带后，来到了一个凸起的山坡上，山坡下是有潺潺流水的深沟。

突然，一阵唰唰的声音从他们头顶上快速掠过。

是什么声音呢？大家急忙抬头寻找声音的来源。只见几只松鼠在树枝间迅速闪过，并吱吱地惊叫着。松鼠所经之处枝摇叶晃，树叶纷纷掉落。

大家正在猜测发生了什么事时，便看见一只云豹追逐而来。大家的心马上提到了嗓子眼，都不敢说话，怕被云豹发现，发生危险。姜老师打手势让大家在大树下隐蔽好，静观其变。

云豹看上去像一只大猫，头部略圆，口鼻突出，爪子非常大，长有几乎与身体一样长的尾巴。它的身体呈金黄色，覆盖着大块深色云状斑纹。

云豹不愧是攀树能手，那么大的身躯在树上跳来跳去，十分灵活。云豹的脚爪十分锐利，很容易钩住树木。不过，云豹也有“马失前蹄”的时候。追逐间，它踏上了一根十分纤细的树枝，只听“咔嚓”一声，云豹踩断树枝，失足掉了下来，正落到丁钉小组的前方。

云豹刚站起来，不知何时藏在附近的一条蟒蛇突然向云豹发起了攻击。蟒蛇对着云豹的头咬去，结果云豹一掌把蟒蛇的嘴划破了；云豹的前爪也受了伤。蟒蛇刚一松口，云豹拔腿就跑。蟒蛇嘴部受伤，无意恋战，慢慢移动到一个大树洞里疗伤了。

丁钉小组此时才发现，自己所处的位置距离大蟒蛇藏身的洞穴很近，只有十几米远的样子。要不是云豹从天而降，说不定受到蟒蛇攻击的就是丁钉小组了。

“我们赶快离开这里！”姜老师低声对大家说。

“是啊，真是太危险了！”丁钉紧跟一句。

大家急忙跟着姜老师转移。跑了很远后，豆富累得气喘吁吁地说：“停……停一下，我跑……跑不动了……”大家闻言停了下来。丁钉和姜老师仔细检查后，确认周围环境安全。豆富一屁股坐在地上，缓了一口气说：“刚才真是太惊险了。云豹真利害，竟能够上树，而且十分擅长攀跳，能从一棵树上跳到另一棵树上，真让人吃惊。”

“是啊。”丁钉说，“我记得书上说，云豹的前后肢十分粗壮，有着惊人的爆发力。捕捉猎物时，它会咬住猎物的后脖颈，从而咬断对方的脊柱，然后将牙齿刺入猎物身体，使劲摇晃脑袋，将肉撕扯下来。”

“幸好云豹没有发现我们，不然后果不堪设想。”迟兹心有余悸。

“如果云豹发现我们，向我们进攻怎么办？”豆富问。

“我们手中不是有砍刀吗？可以用砍刀当武器进行防御。”迟兹说。

“云豹身上的花纹可真漂亮呀！”姜雅赞叹道。

“那些花纹应该是为了适应环境，不断进化演变而成的。”丁钉说，“关于云豹的皮毛颜色还有一个故事呢。有一天，黑熊和云豹相遇了。黑熊说：‘我们如何才能变漂亮？’云豹说：‘我们不妨用颜料化妆。’黑熊认为这是一个好办法。于是，它们找来颜料。黑熊先给云豹化妆，在云豹身上涂上了有美丽颜色的花纹。当云豹给黑熊化妆时，云豹生了坏心眼。它没有使用颜料，而是在黑熊身上涂满了黑色的泥土。涂完之后，云豹转身逃走。当黑熊知道上当后，云豹已经不知逃到哪里去了。从此，云豹拥有了十分漂亮的花纹，而黑熊浑身上下都变成了黑色。”

“嘻嘻，这个故事还挺有意思的。”豆富笑着说。

可恨的毛毛虫

这天，丁钉小组从宿营地出发，走了三个小时，大家都感到很累。丁钉说："大家加把劲，我们赶到前面找个宽阔的地方休息一下。"这时，豆富因为没站稳抓住了身边的一棵小树，不由得将小树摇晃了一下。

"哎呀！什么东西落到我的脖子上了？"豆富一边说一边用手摸了一下，"妈呀！毛毛虫！"豆富吓得声音都变了。

"千万不要动它！"丁钉听后，立马喊道。然而为时已晚，豆富已经将毛毛虫捏在了手里。听到丁钉的话后，他连忙将毛毛虫扔了出去。

大家都围了过来，姜老师连忙使劲吹了吹豆富的脖子和手掌。丁钉在一旁解释说："毛毛虫的毛有一定的毒性，会刺激皮肤，导致瘙痒和疼痛。"

"我的脖子已经开始疼了。"豆富哭丧着脸说。

"有些毛会扎得深一些，吹不掉，得用胶布粘一下。"

丁钉一边说一边在背包里翻找，“不过我们没有准备胶布，只能用创可贴粘一下了。”说着，他取出几个创可贴分给姜老师、迟兹和姜雅。大家用有胶的部分仔细地把豆富的脖子和抓过毛毛虫的手掌粘了一遍，然后涂上了一层药膏。

豆富感到疼痛感慢慢减轻了，也没那么痒了。他高兴地说：“丁钉你真厉害，我觉得好多了。”

“这就好！”丁钉也笑了。能用自己学习的野外生存技能帮到队友，他也非常高兴。

“这些毛毛虫太可恶了，我恨不得把它们全部消灭掉。”豆富一边愤愤地说，一边对着落在地上的毛毛虫狠狠地踩了一脚。

“如果真的没有了毛毛虫，你以后可就见不到美丽的蝴蝶了。”丁钉打趣地说道。

“毛毛虫和蝴蝶有什么关系？”豆富十分不解。

“蝴蝶一般要经历卵、幼虫、蛹、成虫四个阶段。幼虫就是毛毛虫，它变成蛹之后，再进一步发育，就会成为蝴蝶。蝴蝶就是成虫。”丁钉解释道。

“哦，原来漂亮的蝴蝶是毛毛虫变成的。”豆富若有所思地说。

“大家可不要小看昆虫。”丁钉说，“就像蝗虫，单只蝗虫不可怕，但是一旦蝗虫成群结队满天飞，便成了蝗灾。它们能吃光庄稼的叶子，导致颗粒无收。”

“昆虫虽小，但是它的力量不能小觑。”姜雅附和道。

“对呀，小小的飞蛾也能造成大事故。”丁钉回想起以前看到的一个故事，“1913年的一天，一艘德国货船阿德列尔号在波斯湾内航行。突然，一片黑压压的‘云彩’飘来，当‘云彩’来到阿德列尔号上空后，大家才发现那是一群飞蛾。飞蛾直扑向阿德列尔号，钻进了船上的各个角落。船员们用水冲，用灭火器驱赶，但是赶走了一批又来一批，无穷无尽。没有办法，船长只得下令放慢航行速度，注意安全。谁知瞭望窗口也堵满了飞蛾，导致难以看清海面的状况。没多久，嘭的一声，船撞上了礁石，船体破碎，阿德列尔号很快便沉没了。”

“想不到，这小小的飞蛾竟会酿成大事故。”豆富感触很深。

“是啊，我们不能小瞧任何一种生物，它们生活在地球上，都有着一定的适应能力，对人类有一定的影响。”姜雅说。

“时间不早了，我们应该赶路了。”迟兹提醒大家，“该同毛毛虫说拜拜了。”

沼泽地危机四伏

翻过山坡后，丁钉小组来到一片面积不算很大的沼泽地旁。这里杂草丛生，看起来水也不深。

丁钉说："我们都没有见过沼泽地，这回我们零距离观察一下怎么样？"

"好呀！"大家异口同声地说。

"千万不要靠得太近，注意安全，找一片干燥的地面观察。"姜老师叮嘱道。

大家小心地走到沼泽旁，找到一块安全的地方站着观察起来。这里植物生长茂密，种类众多，有芦苇、茨菇、苔草等。

空中盘旋着许多鸟儿，叽叽喳喳好不热闹。不同的鸟儿发出的不同叫声，汇成了一曲来自大自然的欢快、让人心情舒畅的交响乐。

大家正仔细辨认着周围的植物，突然，丁钉喊道："有大象，注意隐蔽！"

队员们向远处望去，看到一大一小两头象正不疾不徐地向沼泽地走来。

大家急忙后撤，躲到灌木丛中，透过枝叶的缝隙小心观察着。

大象不时拍着耳朵，甩动着尾巴，驱赶身上的吸血昆虫。小象则跟在大象身侧，亦步亦趋地向丁钉小组藏身的方向走来。

丁钉提醒大家："千万不能出声，大象的耳朵十分灵敏，如果被大象发现可就麻烦了。"

说话间，大象不断向丁钉小组这边靠近，距离越来越近。

"我们是不……是还要向……向后撤呀？"豆富紧张得结结巴巴地说，"大象会发现我们吧……"

"大家不要乱动，这个距离后退会惊动大象。按照大象此时的行进方向看，它们不会走到这片灌木丛。"姜老师判断了一下眼前的状况后说。

队员们一动都不敢动。随着大象的走近，已经能够听到大象走路踩到泥泞地面上发出的吧唧吧唧的声音了。大家的心跳越来越快，迟兹紧紧地捂住了嘴巴，怕自己惊叫出来。

周围静悄悄的，大家几乎能够听到队友的呼吸声。

幸好，大象走到他们前面不远处的沼泽地便停下了。

这时，队员们发现距离大象不远处的水面上好像有东西，似乎是什么动物藏在那里。丁钉透过望远镜仔细辨认后低声惊呼：“是鳄鱼！”

大象似乎没有发现水里的鳄鱼，它们正悠哉游哉地把鼻子伸到水里取水喝。豆富轻声问：“如果鳄鱼攻击大象，谁会赢呢？”

然而没有人回答他，只有姜老师对他比了一个“嘘”的手势，其他小伙伴都在紧张地盯着眼前的景象。

大象没有意识到鳄鱼的存在，继续喝水。时间一分一秒过去了，鳄鱼不见了，丁钉小组慢慢放松下来，心想鳄鱼可能害怕大象，已经悄悄离开了。

突然，小象发出一声嘶吼，大家的神经一下子又绷紧了。只见小象使劲甩动鼻子，刚才消失不见的鳄鱼此时正紧紧咬住它的鼻子，随着它的动作左右摇晃着。原来，鳄鱼悄悄从水下游到了沼泽边，趁它们取水时，猛地咬住了小象的鼻子。鳄鱼的咬合力非常大，小象甩不掉它，只能拽着它往陆地上拉，避免让自己陷入沼泽内。

双方一时间都拿对方没办法，场面就这样僵持住了。

只见这时，方才受到惊吓而后退了两步的大象过来了，它绕到鳄鱼的身侧，猛地抬脚踩在了鳄鱼的背上。大象仿佛将全身的重量都放在了这只脚上，鳄鱼终于咬不住了，松开小象的鼻子，退回了水里。

大象温柔地用长鼻子蹭了蹭小象，似乎是在安慰它。或许是因为不知道鳄鱼还会不会再次攻击，它们没有继

续喝水，像来时一样不疾不徐地离开了，仿佛刚才的危险它们已经习以为常了。

直到大象彻底离开大家的视野后，丁钉小组才从藏身的灌木丛中走了出来，脸上还残留着震惊的神情。

豆富心有余悸地说：“要不是亲眼所见，谁会相信鳄鱼竟敢跟大象叫板，真是不可思议！”

“对呀，这鳄鱼太不知天高地厚了，竟然敢咬大象！”姜雅激动地说。

“不过大象真是太聪明了，能够利用自己的体重优势克敌制胜。”丁钉说。

“如果我们遇到鳄鱼应该怎么办呢？”迟兹回想刚才的情形，不禁问道。

“如果在岸上，鳄鱼的移动速度一般很慢，而且不能长时间持续快速移动，因此我们可以沿直线逃跑。”丁钉说，“如果是在水里，人的游泳速度比不过它，被它咬住的可能性就很大。”

“那该怎么办呢？”豆富急忙插嘴问。

“鳄鱼的咬合力很大，但张嘴的力量不是很大。”丁钉回忆着野外生存技能班老师当时的介绍，“要有足够的胆量，抓住时机，最好骑到鳄鱼背上，或从正面直接抱住鳄鱼的嘴巴，勒紧它，用手指戳鳄鱼的眼睛。这是最好的攻击地方，鳄鱼会感到很疼痛，急忙逃走。如果被鳄鱼咬住了，也应该马上用手指戳鳄鱼的眼睛，当鳄鱼因疼痛下沉逃走时，马上以最快的速度游上岸。”

“抱住鳄鱼，这怪吓人的。”迟兹说道。

“在生命攸关之际，勒紧鳄鱼的头部是一个很好的自救方法。”丁钉说，“非洲有一个少年叫伯德古，一天他划着独木舟过河，行驶到河中间时，一条鳄鱼向船袭来，将船撞翻。眼看鳄鱼就要咬到自己了，伯德古翻身骑到鳄鱼的背上，勒住了它的嘴巴。他当时只有一个想法：牢牢勒住它，死不松手。时间一长，鳄鱼渐渐不动了，伯德古也昏迷过去。夜幕降临，周围一片黑暗。伯德古苏醒后，他发现自己仍然在鳄鱼背上。此时他和鳄鱼已经到了岸边，他急忙从鳄鱼身上跳下逃跑。向远处跑了几十米后，他回头一看，鳄鱼没有追来。他便拿起一块大石头，小心翼翼地回到鳄鱼身边，用石头砸向鳄鱼头部，鳄鱼仍然纹丝不动。他再细看，发现鳄鱼不知什么时候已经死了。伯德古靠勇敢救了自己。”

“伯德古真了不起，值得我们学习！”豆富赞叹道。

用“植物催泪弹”脱险

丁钉小组从宿营地来到一片新的森林地带，这里的树木高大，不知名的藤本植物缠绕在大树上。他们边走边观赏着大自然造就的神奇景观。

“哎呀！大家看这是什么呀？”走在前面的豆富发现地面上长着一些大大小小的球状物，感到十分惊讶。

大家听到豆富的声音，急忙围了过去。

只见这些球状物大小、颜色不一，有的呈白色，有的呈灰褐色；大的如同足球一般，小的像垒球或拳头一样大。这是什么东西呢？

“哦，我想起来了，很可能是马勃菌。”姜老师回忆说，“马勃菌和我们所吃的蘑菇一样，都属于菌类。小白球是它幼时的形态，这一时期的马勃菌可以食用。马勃菌成熟后会变成灰褐色，此时如果将它的表皮弄破，它就会散出黑烟，黑烟具有强烈刺激性气味，还会让人的眼睛出现刺激性的疼痛。其实黑烟是马勃菌繁殖后代的孢子，孢子落到地面后，一旦遇到合适的水分、温度等条件，就会长出新的小白球。因为它的这一特性，一般人都对它敬而远之。印第安人将马勃菌当作武器，当敌人前来进犯时，把马勃菌摔向敌人，敌人便会狼狈地逃走。马勃菌还被人们称为‘植物催泪弹’呢。”

“姜老师，我们有幸见到马勃菌，让我们试一试它的威力怎么样？”喜欢恶作剧的豆富来了兴趣。

姜老师也是从书本上得来的知识，马勃菌到底具有什么样的威力，他也不知道，他何尝不想试验一下。

于是，姜老师说：“你的想法很好，不过应该注意安全，毕竟这具有一定的危险性。我们可以选一个代表来试一试。”

“我来，我来！”豆富兴奋地说。

姜老师对大家说：“我们靠后一点，免得被波及。”

大家都很听话地后退了几步。

豆富站在远处对小伙伴们说：“我向你们的前方踢马勃菌，你们看好呀！万一我中毒了，请马上过来抢救啊！毕竟我们是哥们，患难与共的哥们啊！”

“豆富，你后悔了？要不我来？”丁钉逗他。

“得了吧！”豆富笑着说，“我怎么能让组长做危险的事情呢！”说完，豆富便对着一株马勃菌用力踢了一下。

哇！正同姜老师说的一样，成熟的马勃菌很容易被踢破，黑烟马上在空中弥散开来，大家闻到一种难闻的气味，于是纷纷向后退。

豆富受不了这个刺激性气味，急忙跑到大家旁边。

“这个气味不好闻，我们快点离开吧。”丁钉说。

“我们马上离开这里。”姜老师说着，带领大家往森林外走去。

他们走了大约50米，突然，姜老师发现前面的树丛中有4只小眼睛正窥视着他们。姜老师急忙打手势，让大家停止前进，保持安静。大家仔细一看，只见树丛中有两只小黑熊，或许是平时没有见到过人，其中一只吓得要跑；另一只看起来大一些，张牙舞爪地盯着他们，似乎准备向他们发起进攻！

姜老师一时不知怎么办才好，这时，他的视线落到周围地面上散落的马勃菌上，于是灵机一动，说：“大家把周围成熟的马勃菌轻轻踢到黑熊那边，然后马上逃跑。”

因为是像家犬般大小的小黑熊，大家也不是很害怕。于是，大家按照姜老师说的，轻轻把成熟的马勃菌踢到小黑熊眼前，然后马上转身跑了起来。

小黑熊一见有东西袭来，马上用熊掌噗噗噗地把马勃菌一个个碾碎了，只见几股黑色烟雾冒出，小黑熊被熏得哇哇乱叫，连眼睛都睁不开了，哪还有追的心情。

丁钉小组一边跑一边向后望，见小黑熊捂着眼在原地乱转，大家都高兴起来，没想到用马勃菌就可以对付小黑熊，觉得这个办法真是巧妙极了。

豆富刚想停下来观察一下小黑熊，姜老师马上催促道："这附近可能有黑熊的窝巢，要不我们怎么会见到小黑熊呢？我们赶紧离开这里，免得被母熊发现追来，我们可跑不过它。"小熊的附近一定会有母熊，而且距离熊窝不会太远，这一点姜老师很清楚，远离这里是上策。

大家一听可能有母熊出现，吓得立即跟着姜老师跑了起来。

"如果在野外遇到熊怎么办呢？"豆富一边跑一边问，"装死有用吗？"

"熊一般听到人的声音就会远离。"丁钉说，"遇到熊装死可不行。一定要冷静，慢慢后退，或者绕弯，趁熊不注意赶紧顺风跑，不要逆风让熊闻到你的气味。"

丁钉小组见没有母熊追击，便不再讨论熊，而是转移到植物的话题上了。

豆富对"植物催泪弹"很感兴趣，说："植物真是了不得，竟然能够成为催泪弹呢。"

"是啊。"丁钉打开了话匣子，"有一种原产欧洲南部的植物叫喷瓜，它的果实呈苍绿色的长圆形，里面挤满了种子和浆液，形成巨大压力。果实成熟后从果梗上脱落，与果梗连接处就出现一个小孔，种子和浆液会从小孔中喷射出去。因为它的‘力气’大得像放炮，所以人们又叫它‘铁炮瓜’。还有，在巴西亚马孙河附近，有一种果树的果实长得像炮弹一样，能够散发出清香的气味。一旦鸟儿闻到香味去啄食它的果皮，就会立即引起果实爆炸，声音十分响亮。果壳、果肉和种子会纷纷射向四面八方，打伤周围的动物。这样的威力，人遇到也会有危险的。”

姜雅想起自己在书上看过的知识，跟着说：“美洲有一种叫‘响盒子’的植物，它的果实成熟爆裂时能发出巨响，把种子弹出。所以，响盒子结果成熟后，人们便不敢轻易地靠近它了，免得受到伤害。”

“为什么这些植物有这么大的威力呢？”迟兹十分好奇地问。

“其实，植物的这些本领不是用来自卫或是防御的，而是为了繁衍后代。”丁钉继续解释着，“只有这样，植物才能把种子传得更远，更有利于植物的繁殖。”

“哦，这是植物为繁殖后代而在长期进化过程中练就的神奇本领。”迟兹明白了。

被马蜂袭击

这天，丁钉小组翻过一座小山后，豆富忽然发现远处有几只体形较大的鸟儿在飞翔。

“那是什么鸟？”他问道。

大家停住脚步，顺着豆富手指的方向望去，仔细观察起来。

只见那些鸟儿的尾巴和翅膀比较大，丁钉小组还从来没有看到这样大的鸟儿飞行呢！

“我看出来了，那是孔雀在飞翔。”姜老师见多识广，很快分辨出来。

“哎！我也看出来了，那是蓝孔雀在飞舞。”豆富高兴地说。

“我们非常幸运，能够看到野生的孔雀飞舞。”姜雅喜出望外。

“我们看到的是十几只野生的孔雀在飞舞，规模不算大。”姜老师给大家介绍起来，“西双版纳有一个孔雀山庄，那里的孔雀只要一听到哨子声，就会从高处飞来吃食物，也不怕人。至少有3000只孔雀聚集在一起，十分壮观。”

“老师，那么多孔雀都是野生的吗？”豆富对孔雀很感兴趣，“为什么它们听到哨子声就会飞来呢？我们在这里吹一下哨子，孔雀也能飞来吗？”

“不能，那是经过特殊训练而形成的条件反射。”姜老师继续介绍，“那些孔雀是人工饲养的，从小喂食时，都先吹一下哨子，然后再给孔雀喂食物。经过反复训练，孔雀形成了条件反射。它们一听到哨子声，就知道有食物吃了，因此会出现孔雀一起飞来吃食物的宏大场面，吸引各地的旅客前去参观。”

“哦，真有意思。”豆富感叹道。

丁钉小组观看了一阵孔雀飞舞后，继续向前。

当他们走到一片树林时，忽然听到嗡嗡的声音。这声音是从哪里来的呢？

丁钉小组的成员四下寻找声音的来源，发现头顶上有很多马蜂在飞舞。再仔细一看，高大的树上有不少大大小小的马蜂窝。看来，丁钉小组是来到马蜂的大本营了。

“大家不要惊动马蜂！”丁钉急忙提醒道。

谁知丁钉的话音刚落，豆富就一巴掌拍死了一只马蜂。它的同伴一见自己的伙伴死掉，马上飞走了，不多时便“叫来”成群的马蜂，嗡嗡地飞来“报仇”了。

AoVo

丁钉一看不好，大声喊："快用衣服包裹住自己蹲下！"大家一边躲避马蜂，一边手忙脚乱地从背包里掏衣服，用衣服将裸露在外的部位包裹好后，急忙蹲伏在地上。

豆富动作比较迟缓，只剩下他自己没有躲藏好，马蜂都向他袭来。眼看要被蜇到脸，他急忙用手一拍，拍下一只马蜂，另一只迅速飞来，正好蜇到他的手背。"我的妈呀！马蜂蜇到我了！"豆富带着哭腔喊道。

但谁也帮不了他，马蜂十分凶猛，一旦被成群的马蜂包围，情况会非常危险。

"豆富，快藏好！"丁钉着急地喊。

"妈呀！疼死我啦！"豆富哭了起来，看来马蜂的毒起作用了，他隐蔽起来后又喊了起来。

"豆富，坚持一会儿。不要出声！"丁钉告诉他，"等马蜂走后，我有办法治蜇伤。"

成群的马蜂在丁钉小组的上空飞来飞去，过了一会儿，发现蜇不到丁钉他们，只能飞走了。

大家发现马蜂飞走后，马上掀开衣服走到豆富面前，查看豆富的情况。

姜老师拿起豆富的手背仔细看了看，发现手背已经肿胀得很厉害了。他问丁钉："你有救治马蜂蜇伤的方法吗？"

"是的，老师。我现在就给他治疗。"丁钉急忙说。

随后，他仔细查看了豆富的手背，没有发现残留的蜇针。丁钉先把豆富手背上的伤口挤了挤，尽量把毒汁挤出来，然后从背包中取出风油精，涂抹在豆富的伤口处。

“丁钉你懂得真多。”迟兹称赞道，“除了风油精，还有什么可以治马蜂的蜇伤呢？”

“马蜂毒显碱性，所以可以使用酸性物质涂抹伤口，例如食醋，这样可以使酸碱中和，减轻蜂毒的毒性，减少痛苦。”丁钉很了解蜂毒的特性，“被马蜂蜇伤非常危险，严重的会导致呼吸困难，急性肝功能、肾功能衰竭。还好豆富的伤不严重，不过为了以防万一，还是要尽快找个医院看一看。马蜂一般不会主动攻击人，以后千万不要再随便招惹它。”

“唉，都是我不好，惹恼了马蜂。”豆富很不好意思，“连累了大家，对不起呀！”

“哎哟，豆富被马蜂一蜇有进步了，还能主动承认自己的错误了。”姜雅高兴地说。

丁钉十分感慨地说：“我们只有接受教训，在教训中成长，才能更加坚强。”

姜老师环顾了一下周围，对大家说：“好了，我们快走出这片森林，找医院给豆富检查一下吧。”

“好！”大家收拾好东西，抓紧时间赶路。

遇到蝙蝠“出逃”

豆富的伤经医生诊断后并无大碍，拿了药之后，丁钉小组继续进行他们的丛林探险。

大家再一次进入丛林，一路上风景如画，大家走了很久也不觉得累。

这时，本来阳光明媚的天空渐渐阴沉下来，乌云翻滚，远处传来了一阵雷声。

丁钉对大家说：“可能要下雷雨了，我们赶紧找一个地方避雨！”

可是在森林里应该去哪避雨呢？

大家四处张望着，豆富忽然发现不远处的一座小山上似乎有一个洞口。豆富高声对大家说：“大家看，那座山的山顶上好像有一个山洞。”他一边说一边指给大家看。

大家顺着豆富手指的方向看去，虽然天气阴沉看不清楚，不过这种情况下也只有碰碰运气了。

大家急忙赶到山脚下，分散开向山顶攀登。

这里的山坡比较陡，向上攀登比较困难。迟兹脚下一滑，向下摔去，幸亏他距离姜雅比较近，被姜雅一把抓住，才免遭危险。姜雅马上对大家大声说道："大家注意不要滑倒，这座山坡度比较大，滑倒有滚下去的危险！"

"爬山时，应该侧身爬，这样即使摔倒也不会摔得很重。"丁钉告诉大家爬山的方法，"上身放松向前倾，两腿自然弯曲，放低重心。加强后腿的蹬力，用全脚掌或脚掌外侧着地。步幅要小，步伐稍快，可以抓一下身边的树木、野草，增加自己的稳定性。"

大家按照丁钉说的办法攀登，效果十分明显。

"轰隆隆！"又是一个炸雷。

"大家快爬呀！不然很可能被雨淋！"丁钉带头一边向前爬着，一边给大家加油。

"我们不妨来个小比赛，除了我爸爸，我们四个人谁先爬上去，谁就是发现山洞的'哥伦布'！"姜雅说。

"好！"大家一致同意。

于是，一场别开生面的爬山比赛就这样开始了。

大家都想争第一，你追我赶，不多时，就汗流浃背。

果不其然，姜老师率先爬上山顶。随后，丁钉也到了山顶，他急忙去查看是不是真的有山洞。

姜老师在提醒大家注意安全。

豆富争第二心切，一不小心，一脚踩到一块不大的活石头上，“哗啦”一声，石头向下滚落。

“豆富小心脚下！”姜老师在山顶上看得真切，提醒豆富。

他们离目标越来越近，最终，姜雅获得亚军，迟兹获得季军，豆富获得殿军。

“大家过来看，这里真如豆富所说，是一个山洞呢！”丁钉呼唤同伴。

大家纷纷过来查看。

“轰隆隆！”随着雷声，大雨落了下来。

“快！我们到山洞避雨！”丁钉率先走了进去。

丁钉小组不敢走得太深，小心翼翼地在洞口向里张望，唯恐里面有野兽居住，那可就惨了。

丁钉观察了一下，地面没有动物脚印，只有一些黑乎乎的东西，他蹲下仔细查看，发现那是蝙蝠的粪便。眼前的洞壁上没有蝙蝠，可能它们居住在岩洞深处。“应该不会有安全问题吧？”丁钉同姜老师小声交流着。

山洞很深，丁钉小组不敢贸然进去，就站在洞口，躲避外面的大雨。

大约半个小时后，雨过天晴，太阳重新露出了笑脸。

丁钉小组刚要向洞外走去，忽然，“扑啦！扑啦”，一阵扇动翅膀的声音从山洞内部传来，这是什么东西飞来了？

大家一看，成群的蝙蝠从洞的深处飞了出来，慌不择路地向洞外飞去。

由于洞口不是太宽敞，又被丁钉小组占据着，蝙蝠飞得比较快，有些直接撞到了丁钉小组成员的身上。这突如其来的撞击，可把它们给吓坏了。

“这是不是吸血蝙蝠呀？怎么往身上撞？”豆富刚说完，就感到脸上有只蝙蝠撞来，他用手一挥，蝙蝠扑展着翅膀落到他的脖子上，他赶忙用手抓住，蝙蝠“吱吱”地叫着，吓得豆富急忙把它扔到地上。

“我的娘哎！怎么撞到我的鼻子上了！”迟兹一把抓住蝙蝠，蝙蝠受惊，张开嘴便想咬，瞬间被迟兹摔到地上。

“我们快向洞外跑！”有蝙蝠撞到了姜老师，他马上提醒大家。

“大家注意不要被蝙蝠咬到！”丁钉一边喊着，一边向外跑，有蝙蝠撞到他的后背上，接着落到地上。

其他人也好不到哪里去，姜雅一边用手护住脸一边跑，一只蝙蝠碰到他的胳膊上，他急忙甩动胳膊，慌忙中，手碰到石壁，疼得他惊叫了一声。

一时间洞口乱作一团，丁钉小组和蝙蝠们都受到了惊吓，慌慌张张地逃向洞外。

混乱中，丁钉小组终于跑出山洞，他们各自扑打着身上的灰尘、蝙蝠毛等。只见蝙蝠也飞出山洞，向远方飞去。

“我们竟然会遇到蝙蝠，吓死我了！”豆富一边整理衣服，一边望着远飞的蝙蝠说。

“大家没有被蝙蝠咬伤吧？蝙蝠是很多病毒的天然宿主，能够携带数十种病毒，被咬伤十分危险。”丁钉询问道。

大家互相检查了一下，没有发现伤口。安全起见，他们还是用携带的酒精进行了仔细消毒。

姜雅望着远飞的蝙蝠说：“这山洞里的蝙蝠真多呀！”

“我看有上万只吧？”迟兹估算。

“没有那么多，不过几千只是有的。”姜老师说，“美国得克萨斯州的布兰肯洞穴里的蝙蝠数量应该是最多的，那里每年春天都会聚集 2000 万只蝙蝠，最多的时候每平方米大约有 1800 只。”

“那里真是蝙蝠的天下！”豆富吐了吐舌头。

蝙蝠是昼伏夜出的动物，不知山洞里发生了什么事，惊扰到了它们，造成蝙蝠白天集体“出逃”。

一场有惊无险的经历，让丁钉小组终生难忘。

罕见的蛇龟斗

这一天，丁钉小组穿过一片森林后，发现前面有一条小溪，溪水十分清澈。

豆富说："我们沿着这条小溪往前走吧，阻碍物或许会少一些。"

"好。"大家异口同声。

没走多远，突然，走在前面的姜老师发现异常，便打手势让大家停止前进，不要出声。

大家停了下来，悄悄地分散开，观察前方的情形。

只见前方不远处的树上有一条蟒蛇，正低垂着头朝向地面，似乎发现地面上有猎物，而蟒蛇的尾部紧紧缠绕在树杈上。

再看地面上，原来是一只体形很大的龟。那是什么龟呢？丁钉小组不知道。但姜老师发现这只龟的腿很粗，很像象脚，难道是象龟？但他不是龟专家，一时半刻也拿不准。他们现在最关心的是这树上的蟒蛇与地上的龟会发生什么样的故事，至于龟的种类，可以以后研究。

时间一分一秒地过去了，现场静悄悄的，简直都能听到心脏跳动的声音。

突然，蟒蛇猛地向龟扑去，当离龟大约还有一米的时候，蟒蛇紧缩后身，张开大嘴，向龟的左肢咬去。说时迟，那时快，龟似乎早已发现蟒蛇的图谋，急忙抖动全身，将头和四肢紧缩在坚硬的龟壳里，仿佛变身为一只坚硬无比的大盾牌，那样子似乎在说，你能把我怎么样？

蟒蛇左攻右突无法得逞，不能咬住对方，只能望“龟”兴叹。

大约半个小时后，龟可能以为平安无事了，便把头伸了出来。谁知蟒蛇贼心不死，还在那里等待机会，见机会来了，蟒蛇马上扑上去要咬龟的头。

就在这时，龟却突然咬住了蟒蛇，头一缩，连着蟒蛇的头部一起拖进了龟壳里。

只见蟒蛇扭曲着身躯，起伏腾空，反复几十次，最后将全身盘绕在龟身体周围，试图绞杀龟。

蟒蛇与龟就这样僵持着。时间慢慢过去，最后蟒蛇不动了，龟也累个半死。龟松开蟒蛇，伸出藏在龟壳中的头和四肢，慢慢地爬走了。

龟爬走之后，大家围在这条蟒蛇周围，发现蟒蛇早已经死掉了。蟒蛇的身长大约有3米，如果不是亲眼所见，谁能相信龟会杀死蟒蛇？！

“蟒蛇被龟杀死，应该是比较罕见的。”丁钉说，“我们多么幸运，竟然能够观看蟒蛇与龟的这场生死之战！”

“蟒蛇十分可怕，我们遇到蟒蛇怎么办呢？”豆富遇到事情就喜欢多问几个为什么。

“如果距离蟒蛇远的话，可以按‘S’形路线逃跑，绝对不能直线跑，蟒蛇会很快追上的。”丁钉说，“如果距离很近，你手里拿着刀的话，不要惊慌，将刀横握，保护好头，因为蟒蛇会先吞噬猎物的头部。可以趁机用刀划伤它的嘴，蟒蛇很可能会逃跑。一定不要手忙脚乱，要大胆沉着，伺机行动。”

“姜老师，我们干脆把这条蟒蛇享用了吧？”豆富口水直流。

“这怎么可以呢？”姜老师说，“蟒蛇已经被列为国家一级保护动物，我们怎么能吃它呢？那是要犯法的呀！大家说，犯法的事情我们能做吗？”

“不能！”丁钉小组说。

“那我们把这条蟒蛇埋掉吧。”豆富同情地说。

“大家说，应不应该埋呢？”姜老师问。

“不能埋！”丁钉说，“这是自然界的事情，我们不能人为地去掺和。要遵守自然规律，自有其他动物来处理蟒蛇的尸体。”

“没错。”大家纷纷应和。

弱肉强食的见证

早晨，大家吃完早餐，背上背包，按照计划继续向前进发。三个小时后，丁钉小组来到一片竹林。

“我们在这里休息一会儿怎么样？”迟兹有些累了，提议道。

“好吧。”丁钉点点头，同意了迟兹的建议。

于是，大家卸下背包，手拿砍刀以防不测，就地休息起来。

豆富一边休息一边四处张望，看到周围的竹子，豆富忽然想起自己看过的有关郑板桥与竹子的故事。

郑板桥是清代“扬州八怪”之一，他常常画竹画、写竹诗。豆富记得一首郑板桥作的与竹子有关的诗：“四十年来画竹枝，日间挥写夜间思。冗繁削尽留清瘦，画到生时是熟时。”

一阵风吹过，眼前有竹叶飘飘扬扬落下来，打断了豆富的思绪。豆富发现附近的地面上有一个小洞，他好奇地问："这个洞里会不会有竹鼠呀？"

"肯定有。"丁钉看后说。

过了一会儿，豆富忽然发现一条蛇爬到竹鼠洞旁的草丛中，蛇的头部呈三角形，是一条青蛇。豆富碰了一下丁钉，两人一起悄悄旁观。

只见一只竹鼠在洞口探头探脑，两眼滴溜溜地转着观察周围的情况，看看有没有危险。

竹鼠没有发现在洞边埋伏的蛇，它小心翼翼地从洞口钻了出来。只见蛇猛地跃起，一口咬住竹鼠的一条腿。竹鼠吱吱地叫着，拼命挣扎着，而蛇死死咬住竹鼠不放。

双方展开了搏斗，可是竹鼠怎么会是蛇的对手呢？最终，竹鼠受到蛇毒液的攻击进入麻醉状态，慢慢被蛇吞食了。

丁钉和豆富旁观蛇吞竹鼠时，姜雅、迟兹以及姜老师也发现了这边的动静，都静悄悄地围过来。

蛇刚把竹鼠吞下，头部附近很粗大，行动缓慢。它爬到附近的草丛中，一边休息，一边消化刚吃进去的食物。

这时，一只体形较大的刺猬过来了。或许是这里的血腥气味被在附近的刺猬闻到，它便前来觅食了。

刺猬的到来让蛇感受到危险的信号。它警惕地立起身子，吐着蛇芯，不停地活动着，慢慢地向刺猬爬去，似乎是想先下手为强，占得先机。

蛇爬到刺猬周围，刺猬没有动，似乎并不将蛇放在眼里。蛇试探性地向刺猬咬去，却一口咬在了刺猬的尖刺上。蛇猛地松开口，不停地扭动身体，似乎想减轻疼痛。但是蛇并没有放弃，只见它高傲地昂着头，“嘶嘶”地吐着蛇芯，瞅准时机用身体把刺猬团团围住，不断绞杀，试图像捕食其他动物一样，将它缠绕到窒息。

十几秒后，蛇放开刺猬，在地上不停地翻滚，只见它浑身出现了不少血点儿，有些地方还扎有刺猬的刺。

刺猬乘胜追击，向蛇咬去，蛇不停地扭动身体，想要避开。或许是之前耗费了太多的体力，又受了伤，蛇最终还是没有敌过刺猬，成了刺猬的“盘中餐”。

丁钉小组震惊不已，他们赶紧悄悄背上背包，离开了这片“战场”。

鼠吃草，蛇吃鼠，刺猬吃蛇，组成了草、鼠、蛇、刺猬的食物链条。大自然中的弱肉强食，是一条不可更改的自然法则。

一路上，丁钉小组的心情十分沉重，连爱说话的豆富都没有开口，在想着心事。

为了生存，动物之间会相互残杀，弱肉强食是不可避免的。但作为人类，不能随意杀害动物，要保护地球村中生物的安全。

休息时遇到险情

这一天，丁钉小组经过一天的跋涉，来到一个树木不算茂密的地方。此时已到黄昏，该考虑住宿的问题了。

“我们今晚就在这里露营怎么样？”丁钉征求大家的意见。

“我觉得可以。”豆富发表自己的意见，“这里树木比较稀疏，有些地方还没有草木，比较平坦，也不是低洼地带；周围没有高山，不会有石头滚下来，应该是露营的好地方。”豆富掌握了不少在森林里露营的知识。

“哎，豆富，几天下来让人刮目相看啊！”姜雅打趣地说，“进步真不小！”

“承蒙夸奖。”豆富抬手作了作揖，搞怪道，“彼此彼此。”

“快选择地方把吊床捆绑好吧！”丁钉说，“你们没有看见天已经黑了吗？在森林里，天黑得更快。”

“是啊。”迟兹一边行动一边说，“这里没有高台，晚上起夜下来就行，也不用怕摔着；看天气预报，今天没雨，也不用怕下雨被淋着。”

“我今天不睡吊床了。昨晚睡吊床，半夜起来，蒙蒙眬眬还以为是在床上呢，差点摔着。”豆富还准备了一个睡袋，他决定今晚在睡袋里睡觉。

“用睡袋要睡在地面上，森林里蛇多，你可不要跟蛇争被窝啊。”丁钉开玩笑地说。他解下背包，选了两棵距离比较近的树，把吊床系在树上，然后挂好蚊帐。他特意系得高一些，免得受到地面动物的袭扰；又怕晚上有露水，便找来几片大树叶遮在顶上。

大家把吊床系好后，发现豆富真的没有捆绑吊床，而是把一个睡袋放到了地上。姜老师说：“豆富，在森林里用睡袋是大忌，你为什么偏要这样呢？”

豆富见老师这样说，便说：“好吧，我把吊床绑好。”

大家一起帮豆富把吊床收拾好后，迟兹见他的睡袋还放在地上，于是问豆富：“豆富，你不把睡袋收拾起来吗？”

“哦，暂时放着吧。”豆富漫不经心地说。

搞定吊床之后，大家从背包里取出自己带的压缩饼干和矿泉水吃晚餐，虽然味道一般，但是森林探险不同于在家享福，能够填饱肚子就行。

因为旅途十分劳累，丁钉小组吃完晚餐，很快就进入梦乡。

第二天早晨，丁钉第一个醒来，他躺在吊床上，静静地感受着自然界的祥和、美好。

远处传来了动物的叫声，尤其是鸟儿叽叽喳喳的声音，多而响亮。

丁钉转过身，想看一看豆富醒没醒，结果发现豆富并不在吊床上。难道他早早醒了？干什么去了呢？不会是被动物拖走了吧？丁钉想到这里笑着摇摇头，心里说：如果被拖走，怎么会一点声音也没有呢！

丁钉的目光扫到不远处地面上的睡袋，怎么鼓起来了？难道大家睡觉之后，豆富又睡到睡袋里了吗？

丁钉眼珠一转，心生一计，准备捉弄一下豆富。他悄悄从吊床上下来，小心翼翼地向豆富的睡袋走去。丁钉走近后，只听豆富打着鼾，睡得很香。丁钉刚想下手捉弄他，忽然发现睡袋里有一条蛇，蛇的尾巴在睡袋里，头露在外边。这是一条毒蛇！

丁钉吓出了一身冷汗，该怎么办呢？丁钉不

敢叫醒豆富，更不敢出声音。他悄悄退了回去，拿起放在吊床上的砍刀，蹑手蹑脚地来到豆富的睡袋前，对准蛇头砍了下去。刀落头断，露在外面的蛇身在地上不断翻滚扭曲，而蛇头竟滚到了豆富头边。被砍下的蛇头还会咬人，丁钉急忙用刀尖把蛇头向外拨了拨，免得它伤害到豆富。谁知，啪的一声，地上的蛇头竟咬住了刀尖，瞬间，一股乳白色的毒液喷在刀尖上，顺着刀尖流到了地面上。丁钉轻轻抬起刀尖，带着蛇头向旁边走去。只见旁边草地上有一个凹坑，丁钉将刀尖在地面用力一擦，把蛇头弄到了坑里，然后急忙用刀挖土，把蛇头埋了起来。随后，丁钉把刀一扔，一把把睡梦中的豆富拖了出来，大声喊："豆富！快醒醒，你差一点就没命了！"

这喊声吵醒了大家，姜老师急忙跳下吊床，顾不得穿鞋，跑过来查看情况。

豆富眯着眼睛说："别吵，我正跳舞呢！"

"快醒醒！"丁钉大声吼道。

豆富吓了一跳，彻底醒了。他见大家都围在他身边，不解地问："出什么事了吗？"

"不光出事了，还是大事！"丁钉依旧气愤，大声喊道。他到现在还没有平静下来。

豆富不解地说："我半夜起来后，忽然想到放在地上的睡袋，我想知道用睡袋露营是什么样的感觉，于是我就到睡袋里睡觉了。我影响到大家了吗？”

“没有！但你影响了蛇的休息。”丁钉没好气地说。

“什么意思？”豆富如坠云里雾里，没有理出头绪。

姜雅看豆富还处在混沌中，有点不耐烦了：“请看一下你的脚下。”

“我的脚下有什么好看的。”豆富漫不经心地一边说着一边低头，只见他的睡袋里竟然有一个无头带血的蛇身子。“我的天啊！”豆富惊叫着跳起来，“我怎么和蛇睡到一起去了？”

“看看你的睡袋附近。”丁钉平静下来。

豆富一看，原来他的睡袋附近有一个不大的洞，正是毒蛇窝。可能是前一晚放置睡袋时天色已经晚了，所以他并没有发现这个洞。

“可能是你在睡袋里睡着后，蛇从睡袋旁经过时觉得这里温暖，就钻进睡袋里睡觉了。幸好你没有激怒毒蛇，丁钉去砍它的时候也没有被发现。侥幸，侥幸啊！”姜老师心有余悸。

豆富的心脏怦怦地加速跳着，脸上冒出了豆大的汗珠。

真是好险啊！在森林里一定不能不搭帐篷，直接在地上用睡袋睡觉，尤其是有蛇的地方。活生生的现实给了不听老师和同伴劝告的豆富一个教训，也给丁钉小组的其他队员上了一课。

下雨怎么办

丁钉小组草草吃了点早餐，继续向前赶路。

清晨，阳光明媚，到了中午，天空却变得黑云密布，似乎要下雨了。

丁钉抬头看了看天，对大家说："可能要下雨了，我们要尽快做好避雨的准备。"

大家环顾了一圈，这片林地树木茂密，没有山洞之类可以避雨的地方，这可怎么办呢？

"我们走不出这片林地，只能在这里避雨了。"丁钉观察了一下周围，略一思索，想到了办法。

"这里树木茂盛，我们可以砍些藤条绑在相邻的树上，再找一些宽大的树叶盖在藤条之上，这样就能搭成一个简易的避雨设施了。"丁钉一边比画一边说。

这真是一个好办法。丁钉小组的成员解下背包，用砍刀砍断一些藤条，依次把这些藤条的两端分别系在可连成平行线的两棵大树上并拉紧，中间一条最高，两边的依次低下来，和房屋屋顶的坡度差不多。然后，他们用砍刀砍下一些芭蕉叶。这些芭蕉叶很大，丁钉小组在藤条上盖了好几层芭蕉叶，将“避雨所”遮盖得严严实实的。为了防止风大把树叶刮起，他们在芭蕉叶上面压好藤条，做到万无一失。

姜雅还怕不妥，又找来五片很大的王莲的叶子，一旦“避雨所”漏雨，可以一人一个当草帽顶着。

丁钉小组刚把“避雨所”打造完毕，噼噼啪啪的雨点就从天而降。有的雨水打在树叶上，有的雨水落到地上，各种各样的声音交织在一起，如同森林里正在演奏一首交响乐，十分好听。

时间不长，雨就停了。豆富抱怨说：“我们忙活了这么久，就下了这么一阵雨。”

“你还想让雨下得大一点啊！”丁钉说，“你没发现我们选择避雨的地方比较低洼吗？时间仓促，我们没有很好地选择一下地形。一旦降雨量很大，我们这里很可能会积水，严重的话会被洪水包围，到时候恐怕连跑都来不及！”

“是啊，我也发现了这个问题。”姜老师不好意思地说，“但是我注意到时，我们已经打造了一半了，我也就没有说。而且，幸好没有打雷。我们在树下避雨，如果遇到闪电打雷的话十分危险。”

“不过我们这个‘避雨所’打造得不错，一点雨水都不漏。”丁钉说，“我们还是赶路吧。”

“这个‘避雨所’怎么处理呢？”姜雅问。

“就这样放着吧。如果后面有人来也遇到下雨会方便一些，免得再造新的，还要砍伐树木，进行破坏。”豆富虽然大大咧咧，但想得挺周到。

丁钉小组收拾好东西，一边走着，一边聊着。话题天马行空，大家十分开心。

走了许久，豆富说：“哥们，你们不觉得有点冷吗？我们的衣服都被打湿了，我感觉有点不好受。”他们避雨时没有被雨淋，但行走过程中，衣服被植物上的水珠打湿了。

“是啊，下过雨本来就有点冷。”丁钉说，“再加上衣服被打湿，更不好受。”

“那我们生点火烤一烤怎么样？”迟兹提出建议。

“可是，这里刚下过雨，不容易点火呀！”姜雅说。

“那我们再走走看吧。”迟兹觉得没戏了。

丁钉小组继续往前走。

当他们走出这片林地，又翻越一座小山时，天色已经暗了下来。

“哎！大家发现没有，这里没有下过雨！”豆富如同发现了新大陆。

大家低头一看，可不，地面十分干燥，真的没有下雨。

“真怪，俗话说‘秋雨不过沟’，今天这雨如同秋雨一般。”丁钉感慨，“天也已经黑了，这里地形平坦，今晚可以住在这里。我们去找一些木柴生火烤一烤，还可以烤点食物吃。”

豆富一听说要烤吃的，马上赞成，并说：“为了安全，我们要选择没有植物的空旷地带生火，不能引起火灾。”

“是啊，尤其不能在有干草的地方生火。”迟兹说。

“最好用石头把火堆圈起来，这样可以阻挡火焰蔓延，比较安全。”丁钉说，“我们可以去找一些干燥的苔藓、干树叶等引火。”

丁钉小组说干就干，很快就在一块植物比较稀少的地方忙活起来。时间不长，一个用石头垒成的简易炉灶就完成了。

丁钉掏出打火机，点燃干燥的苔藓。他负责烧火，不能有半点马虎，免得引起火灾。

姜雅负责弄柴火，迟兹和豆富负责捉蚂蚱、蛹等。不一会儿，大家就准备齐了。

大家围在火堆旁一边谈天说地，一边烤着衣服。丁钉还负责烤食物。

夜幕渐渐降临，温度有点低。

豆富看着燃烧得很旺的火堆，想到了另一个问题："丁钉，如果我们带的打火机没有气了，该怎么点火呢？"

丁钉说："如果带有火链、火石、火绒，可以用刀刮一些很细的容易燃烧的树木纤维，然后用火链敲击火石会产生火星，引燃火绒，再点燃树木纤维，这样火就点着了。如果没有带这些东西，还可以钻木取火，用一根硬木棒在木头上钻洞，靠摩擦产生火星，不过这个方法很费劲。"

"原来点火有这么多办法呀！"豆富感叹。

不一会儿，丁钉就把食物烤熟了，然后洒上一点盐。

豆富咬了一口，称赞道："很好吃！"

大家高兴地分着食物，享用这难得的美味。

这时，几只吱吱叫的昆虫飞到火堆上方，大家一看，竟是知了。豆富高兴地说："知了竟然主动送上门来了。"

大家眼巴巴地盯着火堆，看知了有没有烤熟。这时，一些飞蛾冲进了火堆里。"这就是飞蛾扑火吧？"姜雅想到了这个成语。

"是啊，飞蛾晚上会飞向有灯火的地方。"豆富一边吃着已经烤熟的知了，一边说，"是火光误导了它的导航系统。"

说话间，啪的一声，一只鸟儿也飞进了火堆，急速扑打着翅膀。大家一惊，马上想把鸟儿救出，但已经来不及了，鸟儿很快就死亡了。

“这是怎么回事呀？”迟兹感到不解。

“多数鸟儿是夜盲，它们夜晚看不清，受到惊吓后，会向着光亮的地方飞，谁知是飞到了火堆上。”姜老师给大家解释说，“看来我们在这里生火的时间太长了，惊扰了这里的动物，我们还是离开这里，别打扰它们了。”

带的水喝光了

丁钉小组熄灭火堆，去寻找新的露营地。

他们来到另一片森林，这里树木比较稀少，适合露营。

丁钉小组已经使用了很多次吊床，捆绑吊床对他们来说已是小菜一碟，并没有费太多力气。难怪人们说，事情做多了便驾轻就熟了，这话一点不假。

大家把吊床捆绑好后，就要准备进餐了。

丁钉小组带的食物都消耗得差不多了，只够今天晚上吃一顿了。看看矿泉水，一瓶也没有了。

“我听到远处有哗啦哗啦的流水声！”豆富的耳朵灵敏，他仔细辨认后对大家说。

“森林里不缺水，但是大家却不能直接喝。”丁钉提醒大家，“水中很可能有水蛭卵等寄生虫，一旦喝进肚子就麻烦了。曾经有人因为用溪涧的水洗脸，水蛭的卵竟进到了鼻腔，并在那里孵化，十分恐怖。”

“那我们怎么喝水呀？”豆富不解了。

“你动动脑子呀。”丁钉说，“我们可以把水煮沸，高温可以杀死虫卵和细菌，这样就可以饮用了。”

“好吧，那我和姜雅去取水，你负责烧水，怎么样？”豆富说。

“其实，自然界有一种可以不用处理，能够直接饮用的‘水’。”丁钉说。

“咦，那是什么‘水’？在哪里呢？”迟兹好奇地追问。

“是这样的。”丁钉说，“在热带森林里，有很多植物体内藏有水分，我们不妨跟它们‘借’一点。像有些竹子的竹筒里就有水，还很甘甜呢。而且竹筒里的水没有被污染，可以放心喝。”

“我们几乎天天同竹子打交道，竟然都不知道竹筒里有可以喝的水。”豆富惊叹地说。

“是啊，只有亲身经历，才能快速增长见识。”丁钉说。

大家在丁钉的建议下，各自选中一棵竹子，动手砍起来。只见竹筒里真的有不少水呢！

豆富试探着尝了一口：“呵！很甘甜呢！”

“是不错。”迟兹喝后评价。

“比我们带的矿泉水好喝。”姜雅抹了抹嘴说。

“丁钉，你怎么知道竹筒里的水可以喝呢？”好奇的豆富问。

“我是跟教野外生存教育的老师学的。”丁钉实话实说，“在热带森林里，还有很多植物含有可以供人饮用的水分，我们都可以喝。”

“有意思。还有哪些植物里的水分可以供我们喝呢？”迟兹打破砂锅问到底。

“像生长于海拔100～2100米的谷林或山坡岩石缝中的一种葡萄科的藤状植物，因其形状如同扁担，被叫作扁担藤，当地人也称它为‘天然水壶’。它含有的水分也比较多。当你在森林里行走得口干舌燥时，砍断一根扁担藤，喝上几口清凉甘甜的扁担藤水，顿时会感到全身透凉。”

“哈哈，这种‘天然水壶’有意思，走到哪里喝到哪里，不用背水了，省去了麻烦。”豆富又异想天开起来。

“不过，热带森林里也不是处处有扁担藤，也需要寻找呀。明天再发现时，我会告诉大家。到时候，我们就可以品尝一下扁担藤水的味道了。”

“好呀！”姜雅愉快地说，“这样，我们在森林里就不用担心渴死了。”

“想不到，这原始森林里竟有这么多宝贝。”迟兹大为感慨。

姜老师见大家对这个话题很感兴趣，便说道：“在南美洲的巴西高原上，生长着一种两头尖、中间大、形状如同纺锤的树，人们叫它纺锤树。这种树高18～25米，最宽处直径达5米。它的树干内的蓄水量可达2吨多。在干旱的季节里，当地人常用纺锤树作为水源。以每人每天饮水3千克计算，一棵纺锤树中的水大约可供两口之家饮用一年，如同一个活的'水库'。在荒漠中长途跋涉的人，如果水喝完了，望见远处有纺锤树，他就知道自己有救了。"

"世界之大，真是无奇不有。"豆富感慨地说，"我们要不断探索和研究，合理地开发利用这些宝贵的自然资源。"

大家听后，齐刷刷伸出了大拇指，对豆富的进步表示赞扬。

没有吃的了

清晨，丁钉小组按计划开始新的探险，向下一座山峰进发。

当他们爬到半山坡时，豆富的肚子叫了起来。他沮丧地说："我们没有食物了。怎么办，我的肚子开始'唱戏'了。"

"坚持一下，我们这就去寻找食物。"丁钉对大家说，"在热带森林，不愁没吃的。比如，森林里有很多野果，我们可以找野果吃呀！"

"哪里有野果呢？"豆富不解地问。

"这么多天你都没有见到树上的野果吗？"丁钉无奈地说，"因为我们带有压缩饼干，我就没有告诉大家，免得吃了野果不舒服，引起肚子疼。现在没有食物了，我们见到野果就必须要尝一尝了。"

"是吗？你看我这眼睛只顾认路，其他的都没注意。"豆富打趣地说，"丁钉，你赶紧带我们找野果吃呀！难道你们不饿吗？我们不指望像孙悟空那样吃到仙桃，能吃到鲜果也行呀。”

“哈哈，想得美。我们一边走，我一边给大家介绍。”丁钉说，“这里的野果比较多，现在可以吃的有八月瓜、野木瓜、野生板栗等。”

“听你这样一说，野果也够我们吃一段时间了。”豆富一边说一边咽口水。

“是啊。”丁钉继续给大家介绍，“芭蕉树的树心含有大量的淀粉，也可以吃。还有一些野菜如马齿苋、车前草、蒲公英等都可以吃。”

“对呀，有些野菜虽然味道不怎么样，但有营养，不会让我们饿死。”迟兹说。

“对了，还有竹笋。”丁钉说，“这里有竹子的地方比较多，我们可以用砍刀挖竹笋吃。怎么样，吃的够多的吧？”

“嘻嘻，听丁钉这么一说，我们在森林里待几个月也不会饿死。”姜雅乐了。

“是的，而且森林里不光植物类的食物，有些动物也可以作为食物呢。”丁钉笑着看着大家。

“丁钉，你不要忽悠大家。”豆富急不可耐，“我们没有猎枪怎么捕捉动物呀？难道让我们徒手抓动物吗？”

“豆富，你想多了。”丁钉说，“国家是不允许随便打猎的，要对动物进行保护。”

“那我们怎么吃动物呢？”豆富没有了兴趣。

“哈哈，你这个馋猫。”丁钉笑着说，“虽然不能打猎，但我们可以抓蚱蜢、蟋蟀、蝉蛹、竹蛹以及其他一些昆虫呀。你忘了？我们前两天还吃了烤蚂蚱呢。”

豆富正想开口，忽然发现不远处的一棵树上长满了野果。

豆富瞬间忘记了刚才想说什么，大喊一声：“哇！前面大树上有不少野果，我们可以填饱肚子啦！”说完，他兴冲冲地奔向那棵大树，摘下一个野果就想往嘴里塞。丁钉急忙制止他，解释说：“不是所有的野果都可以吃，有些野果有毒，要辨认确定是无毒野果后才能吃。”丁钉一边说一边仔细观察野果的样子，“这是八月瓜，姜老师，您看呢？”丁钉向姜老师求证，姜老师赞许地点了点头。

豆富急忙咬了一口果子：“好甜啊！大家快来吃呀！”

大家纷纷凑上前摘着吃起来，都说味道不错。

“如果我们一开始先吃野果，省着饼干慢慢吃就好了。”豆富一边吃着，一边遗憾。其他人则一边吃一边在附近寻找其他野果。

姜雅找到了几棵野生香蕉树，割下来一尝，香蕉十分涩口，他急忙“呸呸呸”将香蕉吐了出来。

迟兹发现了一棵结满果子的南酸枣树，他放下背包，跳起来钩住一根树枝，摘下果实一尝，好酸。不过，蘸一点盐是可以吃的。于是他摘了一些，以备不时之需。

食物问题解决后，丁钉小组继续赶路。

傍晚，他们选择了一块有石头的地方作为宿营地。把吊床捆绑好后，大家就休息了。

毕竟不习惯用野果充饥，没多久豆富的肚子就“咕咕噜噜”响起来了。他在吊床上翻来覆去睡不着，心想：这时如果能有米饭吃该多好呀！平日里吃饭时，妈妈总是反复地催着自己多吃菜，多吃饭，吃饱后，妈妈还会准备好可口的水果。现在想想多幸福呀，自己还身在福中不知福。真惭愧！

丁钉也因为肚子饿坐了起来，只见大家都翻来覆去没睡着。其他人看见丁钉起来，便也跟着坐了起来。

姜老师一直在默默观察着他们，正处在成长发育阶段、需要更多能量来补充体力的孩子肯定不好受。他见几个孩子都饿得睡不着，知道该拿出自己带的“秘密武器”了。

丁钉小组见姜老师也坐了起来，便眼巴巴地望着姜老师。只见姜老师打开背包，拿出一袋大米来，说：“这是我事先准备的大米，准备在万不得已的情况下帮助我们解决吃饭问题。这会儿，大米该派上用场了。”

豆富喜出望外，急忙说：“姜老师，您太棒了，总是在关键时刻露一手。”

“不过，虽然我们有了大米，但是没有锅呀。我们总不能生吃吧？”迟兹遗憾地说。

姜雅也有点失望。

“包在我身上，我可以让大家吃上竹筒饭。”丁钉看到大米兴奋地说。

大家分工忙起来，豆富和迟兹去采集芭蕉叶和树枝、木柴；姜老师砍倒一棵竹子，并砍下几节竹筒，然后和丁钉、姜雅一起寻找溪水冲洗竹筒、淘米。

片刻后，大家回到宿营地集合。丁钉把洗好的大米放到竹筒里，加上水，用芭蕉叶盖住竹筒口，并用藤条扎好。与此同时，其他人一起用几块大石头垒砌起一个圆形的炉灶，用打火机点燃干燥的树叶，引燃木柴。丁钉把竹筒放到木柴上，大家围在炉灶旁，眼巴巴地盯着竹筒饭。不一会儿，大家就听到竹筒里发出咕噜咕噜的声音，并闻到了米饭的香味。豆富兴奋地一把搂住丁钉，大喊：“丁钉你太厉害了！”

大约半个小时后，揭开芭蕉叶，热气带着米饭的香气扑面而来。哇！真香啊！这对多日没有吃到可口饭菜的丁钉小组而言，是多么难得的美味啊！

吃饱喝足后，大家终于可以好好睡一觉了。

小心白色汁液

这天，丁钉小组来到一片新的森林，这里树木茂密，人在里面行走十分不便。

他们爬上一座小山，只见山顶的平地上有几块堆积在一起的大石头，如同一个八卦阵。豆富看见后说："这里十分适合休息，坐在这些石头上应该很惬意。"

"是啊，这是一个休息的好地方。"姜雅和迟兹附和说。

"那我们就在这里休息一会儿。"丁钉见大家都希望在这里休息，就同意了。大家都走累了，休息一下恢复体力是十分必要的。

豆富是一个坐不住的人，不出5分钟准要起身这走走，那瞧瞧。这不，大家坐下没多久，他就坐不住了，起身转悠起来。

不一会儿，豆富拿着一根滴着白色汁液的树枝回来了。"你们见过这种植物吗？它的汁液竟然是乳白色的。"

丁钉一看，急忙站起来，严肃地对豆富说：“豆富，你千万别动啊！”

豆富一愣，感觉奇怪，丁钉这是怎么啦，不就是拿了一根树枝吗，值得他这样大惊小怪吗？

豆富正想着，就见丁钉急忙过来把树枝轻轻地接了过去，唯恐有什么闪失似的。

丁钉小心地拿着那根树枝，对大家说：“这是箭毒木的树枝。它的树皮是灰色的，汁液是乳白色的，有剧毒！是林中毒王！”丁钉一边说，一边用手指指着箭毒木那乳白色的汁液给大家看，“它的汁液一旦通过伤口进入人或动物的体内，就会导致心脏停搏、血液凝固、血管阻塞，从而造成窒息死亡。因此，箭毒木又被称为见血封喉树。”

“这箭毒木好厉害啊，毒性这么强！”豆富惊叹。

“我给大家讲一个故事吧！”丁钉继续对大家说，“相传，在西双版纳，最早发现箭毒木汁液含有剧毒的是一位勇敢的傣族猎人。有一次，这位猎人狩猎时不幸被一只狗熊紧追，被迫爬上一棵大树，狗熊也跟着爬上树来，想要吃掉他。猎人无奈之下折断一根树枝狠狠刺向狗熊的嘴里。没想到，被刺到的狗熊摔下树，然后痛苦地挣扎着，不一会儿便死掉了。猎人折断的就是箭毒木的树枝。从那以后，西双版纳的猎人在狩猎前，常把箭毒木的汁液涂在箭头，制成毒箭。箭毒木毒性很强，被毒箭射死的野兽的肉都有毒，不能吃，所以毒箭只用于防身，不用于打猎。”

听到这里，豆富惊讶地张大了嘴巴，心有余悸地说：“幸亏我没有把箭毒木的汁液弄到伤口上，否则就成探险英雄了。”

“不要侮辱‘英雄’这个词。”丁钉开玩笑地说，“虽然‘见血封喉树’奇毒无比，但并非无药可解。唯有红背竹竿草可以解此毒。”

丁钉小心地将树枝放好，大家又休息了一会儿，便继续前行。

不可思议的蚂蚁

丁钉小组的原始森林探险已经接近尾声，他们开始从森林内部向外围出发。

一路上，各种各样的植物盘根错节，还有潮湿的地面、松软的土壤，一切都令人倍感好奇。

丁钉小组来到一棵大树下，周围的板根最起码有四五米高，站在旁边的人显得格外渺小。

难怪人在森林里会觉得受到激励，想努力奋斗。高大的树木直插云霄，郁郁葱葱，阳光从树叶的缝隙间透射进来，带给人一种积极向上的感觉。

跨过一条山沟，在一条小溪旁，豆富忽然发现这里有大大小小的土堆，距离不等，上面似乎是从地下新翻上来的泥土。他好奇地喊道：“大家看，这些土堆是做什么用的呢？怎么隔一段距离就有一个，而不是连成片的呢？”

听到豆富的喊声，其他人急忙凑过来看。

“可能是一种蚂蚁生活在这里，我们不要动它们，马上离开。”丁钉看后十分严肃地说，并带头走在前面。

豆富见状，不解地问：“小小的蚂蚁有这么可怕吗？”

“是啊。”丁钉严肃地说，“蚂蚁虽小，但不可小瞧。有些蚂蚁有着不容小觑的能力，所以我们应该注意提防。”

“小小的蚂蚁真的会有很大的能力吗？”豆富追问。

“像由国外入侵到我国台湾、香港、广东、澳门、福建、广西、湖南以及云南等地的红火蚁，它们的生存能力很强，能够在地面堆成高10～30厘米、直径30～50厘米的蚁丘。蚁丘内部呈蜂窝状，蚁后在里面繁殖后代。”丁钉说道，“人被红火蚁咬伤后，身上会起水泡，有些人对其毒液中的毒蛋白过敏，还会引起过敏性休克，甚至死亡。”

“那被咬伤后应该怎么办呢？”豆富一听着急了，害怕会被红火蚁咬伤。

“被红火蚁咬伤，可以先涂抹一些碱性的液体，因为蚁酸呈酸性，这样可以减轻痛苦。随后要及时到医院就诊。不要用手摸伤口，避免感染。”

说话间，他们走到一片树木比较稀疏的地方，豆富感到累了，便说：“我们休息一下吧，我觉得抬不动腿了。”

“好吧。”丁钉说道。大家找了一棵横卧在地上的树干坐了下来，继续听丁钉说蚂蚁的事情。

“有些蚂蚁是十分可怕的，我们不能随便闯入它们的地盘，否则可能引来杀身之祸。”丁钉很严肃地说，“我曾经看过一篇小说，其中有这样一个情节：在第二次世界大战期间，德国的著名战将‘沙漠之狐’隆美尔，节节败退于蒙哥马利元帅率领的英国军队。隆美尔想出了一个出奇制胜的计谋，准备派一支共1800名士兵的德军精锐部队，迂回穿越非洲原始丛林，直插英军后方。该计谋遭到了参谋部全体成员的强烈反对，因为非洲原始森林历来无人敢涉足，其中蛇、虫遍布，野兽众多，十分危险。隆美尔的部下希姆不听劝阻，他力排众议，请缨前往。西姆带领这支部队进入原始森林，几天后，除了有几十名士兵死于或伤于毒蛇和野兽的袭击之外，并没有多大损失。

“希姆踏着厚厚的树枝与落叶，仰望着遮天蔽日的树林，呼吸着潮湿、散发着霉味的空气，心里嘲笑着那些坚决反对进入原始森林的参谋部的胆小鬼。殊不知，潜在的危险正在向他靠近。

“一个深夜，希姆在睡梦中被勤务兵叫醒，只听外面传来负责警戒的士兵撕心裂肺的叫喊，十分凄惨。不多时，一个传令兵冲了进来，他的脸已经变形，不能说话了。他用手指了指身后，便倒下了。

“希姆往传令兵身后一看，只见黑压压的蚂蚁滚滚而来，所到之处都是士兵声嘶力竭的尖叫声。希姆一看不好，急忙向湖里跑去。但蚂蚁紧跟其后，组成蚂蚁球不断滚动追赶着。有些士兵用火焰喷射器喷向蚂蚁，但蚂蚁数目众多，燃烧完一批再来一批，根本抵挡不住。最后，蚂蚁还是追上了希姆。当蚂蚁爬到他身上时，他发出了更加凄惨的尖叫。士兵们就这样成了蚂蚁的腹中物。

“隆美尔始终没有收到他的爱将希姆发来的电报，他感觉大事不妙，于是，便派出另一支搜索队沿着希姆的行动路线前去搜寻。最终，他们在一个湖边发现了众多骷髅架。人的毛发、皮肉、衣服等有纤维、蛋白质的物品都消失殆尽，最终，凭借周围散落着的完好无损的武器、勋章等物品才确定，这是希姆将军的部队。

“现场还收集到很多蚂蚁的尸体，每一只蚂蚁能有半个拇指那么大。据说，这种蚂蚁身体是黑色的，它们的嘴巴十分厉害，可以瞬间咬破几层衣服。”

“天呐！这种蚂蚁这么厉害啊！”豆富惊得张大了嘴巴，久久不能合拢。

“想不到小小的蚂蚁竟有这样大的力量，我们真的不能小瞧任何一种生物。”迟兹十分感慨。

想捉鱼却捉到了蛇

聊完蚂蚁之后，丁钉小组来到一条小溪旁，这里比较平坦，溪水清澈见底，很浅，能清楚地看到水底的鹅卵石。溪水哗哗地流淌着，和周围的鸟鸣声组成了一曲动人的交响乐。

这可真是一个山水画的世界。

丁钉小组站在岸边欣赏着眼前的美景，被这里的树、水、草吸引着目光。

大家正全身心地沉浸在眼前的美景中，突然听到豆富高声喊道：“哎！大家看，小溪里有鱼！”他一边说一边伸手指给大家看。

大家朝着豆富所指的方向一看，可不，清澈的溪水中有鱼在游动。这一发现激起了丁钉小组捕鱼的热情。

“快快快，我们一起捉鱼吧！”豆富号召大家。

大家纷纷取下背包，挂在树枝上，脱去鞋袜，踏着水，开始捉鱼。

豆富瞄准一条鱼，猛地伸手一摸，却扑了个空。

姜雅看见一条鱼藏在一片水草下，他轻轻靠近，不料手指刚碰到鱼，鱼便游走了。

丁钉见小伙伴们出师不利，解释说：“因为光线进入水中的时候会发生偏折，所以我们看到的鱼的位置比鱼的实际位置高一些。因此，抓鱼时要往看到鱼的位置下面一点伸手。”说完，他瞄准一条鱼猛地一伸手，可是扑棱一下，鱼游走了。

只有迟兹成功捉到一条鱼，他双手抓住鱼擎出水面，高兴地大喊：“大家看！我捉到了一条鱼！”其他人闻声回头看，只见迟兹手中的鱼一挣扎，啪的一声又跳进水里。

大家忙活了一阵也没有捉到鱼，都有些泄气了。丁钉看到小伙伴们垂头丧气的样子，脑筋一转，想到了一个办法。

丁钉走上岸，找到一棵手腕粗的竹子，用砍刀截成1米多长。他将竹子竖起来，从切面向下砍，将一端分成8部分，然后用一根细藤条沿着切口处勒进去，使劈开的部分向外伸展，再在距离末端10厘米处绑紧。

大家看着不解，豆富忍不住问：“丁钉，你这是在做什么呀？”

“还没有看出来呀！我再把末端削一削，这不就是一个竹制的鱼叉了吗？”说话间，丁钉麻利地削着竹子。

时间不长，一个前端尖锐的鱼叉就做好了。

“好了，你们负责找鱼，我负责叉鱼。”丁钉手拿简易鱼叉，马上行动起来。

“这里藏着一条鱼。”豆富眼尖，发现了鱼的藏身之处。

丁钉小心翼翼走过去，拿着鱼叉对着鱼的位置比画了一下，猛地扎下去，提起鱼叉，哇！一条鱼在鱼叉上挣扎着，难以跳脱。就这样，丁钉小组用了一个小时捕获了三四斤鱼，这些鱼有大有小，品种不同。姜老师将一个背心的一头系起来，做成一个布袋子，用来装鱼。

“快点，这里又有一条鱼！”豆富喊。

丁钉往下一扎，提起鱼叉时，豆富下意识地伸出手想要将鱼拿下来，突然，他发现不对，这是一条蛇！

“我的天！怎么是蛇！”豆富嘴巴都哆嗦起来，见到蛇的事情几乎都被他承包了。

丁钉一看，可不是，多亏不是毒蛇，而是水蛇。丁钉只好用树棍把蛇从鱼叉上挑下来放了，但因为已经被扎伤，能不能活就看蛇的造化了。

此刻，丁钉小组的成员哪还有捕鱼的兴致。

小溪的岸边是成片的草丛，无法生火。丁钉转头对大家说：“我们找一个不容易引起火灾的地方生火烤鱼吃吧。”

“好，我们收拾一下就出发。”姜雅说。

豆富一听要烤鱼吃，也不害怕了，催促道：“快走，趁鱼新鲜时烤才好吃。”

没走多远，丁钉小组就遇到了一片由藤本植物形成的障碍物。要穿过它，必须小心谨慎，将藤蔓踩结实，一点一点前进。如果走得太急，很可能被某根藤蔓绊住，很难从中挣脱出来。一旦性急，就容易摔倒。这不，豆富就这样摔了个“嘴啃泥”。

“大家一定小心，免得摔伤。”丁钉提醒大家。他走在前面，看到前方有一片空地，裸露的泥土上散落着几块石头。他兴奋地对大家说：“前面那个地方很适合生火，我们加把劲，过去生火烤鱼吃啦！”

丁钉小组费尽九牛二虎之力穿过藤蔓，来到了空地上。这里树木少，有石头。丁钉把石头垒成一圈，寻找树枝生起火来。姜老师拿出盐巴，撒到鱼的身上，并用一根木棍将鱼穿起来，放到火上烤。很快，迷人的香味便四散开来。

丁钉小组的成员们吃着自己捕获的美味，赶路的辛劳也被一扫而空了。

森林里的奇观

这天上午，丁钉小组来到一片更加茂密的森林，这里真是野生动物的天堂。他们一路上见到了各种各样的小动物，甚至还发现了一坨大象的粪便。

大家一边走一边谈论这一路上见过的动植物，突然，丁钉发现前方的树顶有情况，忙示意大家收声。只见几只猴子正在玩耍，大家便兴致勃勃地看起来。

猴子似乎已经发现有人在窥视自己，但并没有离开，依然我行我素地玩耍着。

看了一会儿，豆富觉得有些无趣，正想催促大家继续赶路时，其中两只身体强壮的猴子拼命撕咬起来。

大家愣住了，为什么先前好好玩耍的猴子这会儿竟翻脸不认“猴”了呢？

两只猴子互相厮打着，在树木间穿梭追逐，看来一定要分出个胜负来。

姜老师看了一会儿说：“这可能是猴子在争夺王位。大家小声点，不要打扰到猴子。”

“它们厮打得这么激烈，是因为猴王有什么特权吗？”豆富好奇地小声问道。

“猴群等级制度森严，猴王有着至高无上的权利，可以优先挑选食物，独享交配权等。同时它也要负责保护猴群安全。如果有猴子想要当猴王，就要挑战老猴王，谁胜了谁当猴王。所以猴王每时每刻都面临着其他雄猴的挑战。”姜老师给大家介绍。

“原来想当猴王也不是那么容易的。”迟兹很感慨。

“是啊，这就是丛林法则，弱肉强食，适者生存，不适者被淘汰。”姜老师说。

说话间，豆富听到了异样的声音，马上示意大家不要出声。

大家手拿砍刀，仔细观察着周围，提防着可能出现的危险。

不一会儿，远处一只金钱豹悄悄爬上树，目的很明确，想突袭树上打架的猴子。

豆富刚想喊，马上被丁钉捂住了嘴。丁钉示意大家不要出声。

大家十分紧张，怕被树上的金钱豹发现。他们握紧砍刀，准备随时砍向前来袭击的金钱豹。

猴子们都沉浸在这场“猴王争夺战”中，丝毫没有察觉到危险的来临。

金钱豹没有主动进攻，它选择一根枝叶繁茂的树枝隐藏自己，静静等待着。

丁钉小组紧张得手都出汗了，眼睛瞪得很大，不敢有半点马虎，唯恐被金钱豹伤害。

十几分钟后，一只猴子被追到金钱豹藏身的地方。说时迟那时快，金钱豹抓住机会突然出击，一口咬住了那只被追得惊慌失措的猴子的脖子。在后面追赶的猴子见状急忙“刹车”，结果没有抓住树枝，摔了下去。在下落的过程中，它抓到一根树枝，结果树枝被折断，最终啪的一声摔到地上。它似乎没有受伤，马上从地上爬起来，转眼就爬到另一棵大树上不见了。

金钱豹把猎物放到树枝上，开始享用属于自己的美食。

丁钉小组见金钱豹没有发现他们的存在，便悄悄地离开，向相反的方向走去。

远离金钱豹后，豆富惊叹地说：“金钱豹看起来很重，竟然可以这么轻松地爬上树。”

“金钱豹的四肢很发达，强健有力，爪子也很锐利，带着猎物上树自然没有问题。”丁钉对金钱豹比较了解。

“如果它向我们扑来，那还了得！”豆富担心地说。

“是啊，但金钱豹一般不会主动袭击人类，除非人类伤害了它。”丁钉说，“我们赶快离开这里，免得再遇到其他大型动物，那就麻烦了。”

大家加快脚步，继续前进。

丁钉小组翻过一座山，在山下被一条水沟挡住了去路。这条沟不宽，但比较深，水流很急，显然不能徒步或游泳过去。水沟很长，向前后望去都望不到头。只有过了这条水沟，才能离开森林。丁钉小组犯了难，站在那里一时想不到办法。

豆富眼尖，惊喜地说：“前面有棵树倒在水沟上，我们可以从那上面走过去！”

大家朝着豆富说的方向望去，果然有一棵不是很粗壮的树横在水沟上，但是想平稳地从圆柱形的树干上走到对面还是很困难。

丁钉想了想，对大家说：“我们可以匍匐在树干上，慢慢爬过去。”

“这样行吗？”迟兹担心地问。

“完全可以，大家看我的。”丁钉说完，紧了紧背包带。只见他匍匐在树干上，用脚圈住树干，双手把住树干两侧，慢慢地向前移动。很快，丁钉就到达了对岸。

其他人见丁钉安全过去了，便放下心来。很快，姜雅和迟兹都顺利地到达对岸。下一位是豆富，姜老师压队。

豆富爬到一半时，因为用力不平衡，突然，身子一歪，向水沟倒去。幸好他的双脚圈住了树干，歪倒的一瞬间，他又用双手紧紧地抱住了树干，整个人吊挂在树干下方。“豆富，不要慌！用胳膊和腿攀住树干，往前移动。”丁钉忙对豆富说。

豆富脸都吓白了，心脏怦怦直跳。他用胳膊和腿钩着树干往前爬，到岸边后，丁钉、姜雅和迟兹一起用力，把豆富接上了岸。

“哎呀，好险，差一点就掉下去了。”豆富心有余悸地说。

很快，姜老师也爬了过来。

丁钉小组利用一根树干顺利地过了水沟，他们兴奋地相互击掌并大喊：“太棒了！”

“阴险”的避雨洞

丁钉小组终于到了原始森林外围。姜老师的脚崴了，他们决定在当地的一个村子住下，等姜老师脚伤好后再回家。丁钉小组闲不住，打听到附近有一座名为“无名山”的山，决定去探险。

为了预防不测，姜老师在当地给丁钉小组租了一只名为欢欢的小狗做向导。时间不长，丁钉小组就跟欢欢混熟了。

可不要小看欢欢，它虽然体形小，但是机智灵活，身上还有定位器，大家一旦发生危险，人们可以根据卫星定位找到他们。

无名山被绿树包围着，森林覆盖率极高。丁钉小组在山上玩闹着，不知不觉间，天空阴了下来，乌云越来越浓，风卷着黑云越过头顶，轰隆一声雷响，噼里啪啦下起雨来。下山是来不及了，应该去哪里避雨呢？

大树下？不能！

石堰下？不能！

低洼处？更不能！

豆富眼尖，发现前面有个山洞，说：“快跑，前面有个山洞，我们到那里去避雨。”豆富一边说一边带头跑了过去。山洞洞口不大，里面似乎很深，丁钉小组不敢贸然进入，只在洞口附近避雨。欢欢也跟着他们进到洞里。

雷雨时间比较短，下了一阵，乌云消散，天空中又出现了太阳。

姜雅、豆富和迟兹已经出了山洞，丁钉唤欢欢出洞却没有动静。欢欢跑到哪里去了？难道跑进了山洞的深处？丁钉胡乱想着。他一边喊欢欢一边寻找，最后发现欢欢躺在洞内不远处。他走过去拍了拍欢欢，却发现它一动也不动。丁钉急忙弯腰抱起欢欢就向洞外跑去。

大家见丁钉抱着欢欢跑了出来，都围了过来，问发生了什么事。

丁钉找了一块平坦的石头将欢欢放好，说：“欢欢昏过去了！”

丁钉小组手足无措地围在欢欢旁边，不知怎么办才好。幸好，不一会儿，欢欢就慢慢苏醒了。这让丁钉他们松了一口气。

丁钉十分不解，对大家说：“大家想一想，为什么在刚才避雨的山洞里，欢欢昏迷了，我们却没事呢？这个山洞有什么问题呢？”

“对呀！”经丁钉这么一说，豆富顿觉蹊跷，马上附和道，“难道洞里有毒药？还是欢欢吃了被毒死的老鼠？”

“我们再进去考察一下。”姜雅仔细果断，提醒道，“我们待的时间不能超过避雨的时间，以免有危险。”

“是啊，我们小心为好。”迟兹也变得小心翼翼了。

大家商量后决定，丁钉、豆富和姜雅进入山洞寻找原因；迟兹留在原地照顾欢欢。丁钉三人进入山洞后仔细搜寻，并没有发现什么与众不同的地方。这时，丁钉想到欢欢非常矮小，会不会是地面上有什么东西呢？于是他蹲下仔细观察，发现洞内的小溪流中不时有小气泡冒出。他正在思考为什么会有气泡产生时，突然感觉有点呼吸不畅，于是急忙站了起来。丁钉意识到可能是因为发生了某种反应，使小溪产生了一种使人呼吸不畅的气体。这是什么气体呢？丁钉拿出打火机打火，深吸一口气后蹲下，只见火焰熄灭了。丁钉蹲在原地尝试打火，发现没有火焰产生。他心中已经有了答案，站起来说：“这种气体能灭火，很可能是二氧化碳。”

“对呀！”豆富说，“二氧化碳的密度比空气大，因此二氧化碳会堆积在地面附近。欢欢个子矮，正好在二氧化碳气体层里，呼吸不到氧气，所以昏迷了。”

“哈哈！对极了。”丁钉高兴地拍起手来，“不过，幸好雷雨时间短，不然我们和欢欢都会有危险。”

“没想到，洞穴里会产生这么多二氧化碳。”豆富说。

“是啊，像长期没有使用的枯井，在田野里干涸的井坑、沟壑，以及白薯窖、白菜窖等，往往聚集了大量的二氧化碳，一旦贸然进去很可能出现危险，所以我们以后要更加小心。”丁钉说，“我们马上离开这里。”

大家回到洞外，因为担心欢欢，所以决定先下山送欢欢去检查，然后再继续探险。

在森林里迷失了方向

丁钉小组将欢欢送去诊所，兽医检查后告诉大家欢欢无事，休息一会儿就好。丁钉小组放下心来，决定继续探险。他们回到森林里，观赏起各种各样的植物来。姜雅灵机一动对大家说："我们在科学课上认识了许多大自然中的植物，不妨趁这个机会采集一下森林里的植物，回去后制成标本怎么样？"

"嗯，这个想法不错。"丁钉听后马上赞成。此次原始森林探险活动已经接近尾声，采集植物标本带回去，也是这次活动的一大收获。

大家一拍即合，开始行动。他们一边玩闹，一边采集植物标本。时间在不知不觉中过得很快，天色逐渐暗淡下来。

"哎，天怎么黑得这么快呀！"迟兹第一个发现天色暗了，着急地说。

丁钉急忙抬头看了看天空："森林里有树木罩着，

天黑得快。我们得赶紧回去了。”

大家听丁钉这样说，急忙收拾好采集的标本，急匆匆地往回走。

丁钉小组走了一会儿，感觉不对，怎么转来转去，所在环境变化不大，似乎还是在老地方呢?

“我们是不是迷路了？”姜雅疑惑地说。

大家停了下来，仔细观察了一下周围的环境，发现确实是迷路了。

丁钉小组慌了神。森林里有野兽出没，他们没有带食物和防身工具，姜老师也不在身边。大家现在都觉得饥肠辘辘，似乎也没有力气了。

“这可怎么办呢？”豆富带着哭腔说，“我们一旦碰到野兽，那可就惨了！”

“哎呀，怎样才能走出这块林地呢？”迟兹也为难起来。

“我们先把植物标本放一下，马上找一根比较粗的棍子当武器，免得出现意外措手不及。”丁钉果断地说，“我们毕竟是在森林里，很可能会遇到危险。现在姜老师不在，我们一定要统一行动，不能离开太远，以便互相照应。还要集中注意力，仔细观察周围的情况，做好自卫的准备。”

大家听后，都放下手里的植物标本，找起棍子来。豆富找了一根最粗的树枝，去掉细枝，拿在手里。

“我们没有确定好方向之前不能再走动了，免得越走越偏离正确方向。”丁钉不愧是组长，关键时刻脑子十分清醒，“大家一起想一想，能用什么方法来判断方向呢？”

“我想到一种方法，可以用手表判断方向。”姜雅灵机一动，“在北半球，把手表水平放置，将手表显示的时间除 2，在表盘上找到商对应的数字，将该数字对准太阳，表盘上 12 所指的方向就是北方。”说完，姜雅就把手腕上的手表摘了下来。

“我的大博士啊，现在有太阳吗？”豆富无奈地说。

“唉，还真是不好办呢！”姜雅感到为难了。

一直在沉思的丁钉眼前一亮：“我们身边不是有一棵大树吗？查看一下大树上的苔藓植物就可以辨别方向了。”

“为什么呢？”豆富十分好奇。

“你们看大树底部。”丁钉边说边来到大树下，弯腰查看起来，“大树树根处一般长有苔藓植物，它们喜欢生长在背阴的环境下。生有大量苔藓的方向是北方，无苔藓或者苔藓少的方向是南方。”

确实如丁钉所说，大树的一侧长有大量苔藓植物，相对的一侧几乎没有。

“这边应该是南方。”豆富十分兴奋，“我们得向南走。”

“对！我们就朝着这个方向走。”大家意见一致。

丁钉小组按照苔藓指示的方向向南走，走在前面的迟兹指着旁边的一棵树说：“大家看，这树上结了不少果子，利用果子的颜色也可以区分南北方向。南面光照多，果子比较红；北面光照相对较少，果子没有南面红。果子指示的方向和我们走的方向一致，说明我们的判断没有错。”

这时，豆富身边突然窜出一只狗一般大小的动物，豆富吓得大叫一声，急忙举起手中的棍子打了过去。这只动物跑得很快，迅速躲过，向山顶跑去。

大家都受到不小的惊吓。丁钉望着跑远的动物说：“好像是一只狐狸，我们可能走到它的洞穴附近了，把它给吓跑了。”

豆富抚摸着怦怦跳的胸口说：“妈呀，可把我吓坏了，魂都要吓掉了。”

“狐狸不会伤害我们的，别怕。”迟兹安慰豆富。

丁钉小组继续急急忙忙赶路，这时，远处传来一阵“咕——咕”的叫声，让人毛骨悚然，起一身鸡皮疙瘩。“大家不要怕，这是猫头鹰在叫。”姜雅说。傍晚的森林里十分安静，猫头鹰的叫声显得阴森森的。

“猫头鹰也会添乱。”迟兹嘟囔着。

“我们唱歌吧，让歌声来压压惊。”丁钉提议。

“唱什么呢？”

“《团结就是力量》吧。”

“这首歌年代也太久了吧！”

丁钉小组一边叽叽喳喳地讨论着一边往回走，恐惧也在大家七嘴八舌的声音中渐渐消散了。

这次找对了方向，丁钉小组很快就走出了森林，已经能看到村庄了，他们悬着的心总算放了下来。

“我们平时如果多看书，多了解一些知识，就可以少走弯路，少碰钉子。”豆富大有感触地说。

“是啊。”迟兹颇有同感，“我们应该多掌握一些生存技能，遇到危险时才能化险为夷，避免‘书到用时方恨少’。”

采野生蘑菇有隐患

夏季的雨后，一夜之间，蘑菇像雨后春笋般冒了出来。它们如同一把把打开的小伞，顶着水珠，十分可爱。野蘑菇味道十分鲜美，营养价值高。丁钉小组成员很喜欢吃野蘑菇，自然把采蘑菇当成一种乐趣。

昨天下了一场雷雨之后，今天天气十分晴朗。丁钉想，这种天气正是采蘑菇的好时机，便对大家说："今天我们去山上采蘑菇怎么样？"

"好呀！"大家马上响应。

丁钉找来几个袋子，便同大家一起上路了。一路上，他们海阔天空、天南地北地闲聊，不知不觉便来到附近大山的树林里。

"我们应该捡什么样的蘑菇呢？"迟兹第一次捡蘑菇，有些不知所措。

"捡蘑菇时必须分清什么样的是有毒蘑菇，什么样的是无毒蘑菇。"丁钉提醒迟兹，"吃了毒蘑菇会引起食物中毒，严重的可能死亡呢！”丁钉四下寻找了一下，走到一些有毒的蘑菇前，对迟兹喊：“迟兹，你过来看。顶上有凸起的疙瘩肉瘤，柄上有环状物，根上有环状托的是毒蘑菇；有苦、辣、酸、麻及其他恶味的是毒蘑菇；色彩鲜艳，采后易变色，柔软，浆汁多并浑浊像牛奶的也是毒蘑菇。无毒蘑菇的盖是扁或圆的，肉厚而嫩，颜色多半是黄、白或古铜色。掰开后浆汁清亮如水，不变色，味道清香。”

大家了解怎样分辨蘑菇后，便各自散开，开始摘起蘑菇来。

丁钉转身来到一棵大松树下，发现这里有一大片蘑菇。他惊讶地说：“豆富，你看，这里有这么多蘑菇！”

豆富过来一看，高兴地说：“我从来没有见过这么一大片蘑菇呢！”随后，他大喊：“迟兹、姜雅快过来呀！”

迟兹和姜雅没有走远，听到后马上走了过来。随后，大家一起动手，把大松树下的蘑菇“瓜分”了。

丁钉小组回到旅馆，姜老师到医院治疗脚踝还没有回来。他们打算给姜老师一个惊喜，让姜老师回来能吃上一顿美味的野生蘑菇。

丁钉和迟兹一起来到旅馆的厨房，请厨师帮忙将蘑菇加工一下。厨师接过蘑菇一看，十分惊讶。丁钉和迟兹感到奇怪，丁钉急忙问：“师傅，蘑菇有问题吗？”

“不光有问题，还有大问题呀！”厨师说，“你们采集的蘑菇有个别是毒蘑菇，一旦做熟吃了就会引起中毒，甚至可能危害性命啊！”

“啊！有毒蘑菇？”丁钉和迟兹也十分惊讶。

“可不是嘛。”厨师一边说一边指给他们看，“像这种鲜红色的菌盖上点缀着白色鳞片的是毒蘑菇，纯白色的蘑菇里也有些是毒蘑菇。从颜色上看，红、绿、墨黑、青紫等颜色的蘑菇一般都有毒。特别是紫色的蘑菇，采摘后易变色，往往有剧毒。”

“我摘了红色、绿色、墨黑色的蘑菇。”迟兹一看，想起来这些是自己摘的，十分内疚。

丁钉也自责地说：“是我没有认真把关，差一点酿成大祸！”

“幸亏我对蘑菇比较了解，及时发现了有毒蘑菇，否则麻烦就大了，很难说清是谁的责任。”厨师严肃地说，“一旦吃了毒蘑菇，拨打120急救电话后，可以将手指伸进嘴里抠喉咙引起呕吐，吐出毒物。然后喝点食盐水，等待急救车。”他一边说一边把蘑菇倒出来，将毒蘑菇捡出来埋掉，然后给丁钉小组做了一顿香喷喷的蘑菇大餐。

姜老师了解了这些情况后，非常感谢这些可爱的小男子汉。大家吃着味道十分鲜美的野生蘑菇大餐，脸上都露出了开心的笑容。

尾 声

这次到原始森林里探险，大家都吃了不少苦，遇到了很多危险，但都靠集体的力量化险为夷，出色地完成了森林探险任务。虽然丁钉小组的成员这些天瘦了，但他们的心灵经历了一次前所未有的洗礼。他们为此感到高兴与光荣。

丁钉小组告别了这场危险的探险之旅，他们迫不及待地想回家，他们太想父母了，想同爸爸妈妈来个紧紧的拥抱，分享这趟旅程中自己的收获和成长！